U0333048

# 橡皮章戳出来

ES女王样 著

中国·广州

图书在版编目（CIP）数据

橡皮章子戳出来 / ES 女王样著. — 广州 ：广东旅游出版社，2017.4
ISBN 978-7-5570-0903-8

Ⅰ. ①橡… Ⅱ. ①E… Ⅲ. ①印章－手工艺品－制作 Ⅳ. ①TS951.3

中国版本图书馆 CIP 数据核字（2017）第 065897 号

xiangpizhangzi chuochulai

ES 女王样 著

◎出版人：刘志松 ◎责任编辑：何阳 梅哲坤 ◎责任技编：刘振华 ◎责任校对：李瑞苑
◎总策划：金城 ◎策划：李欣 ◎设计：陈启

---

**出版发行：广东旅游出版社**

地址：广东省广州市环市东路 338 号银政大厦西楼 12 楼

邮编：510060

邮购电话：020-87348243

广东旅游出版社图书网：www.tourpress.cn

企划：广州漫友文化科技发展有限公司

印刷：深圳市雅佳图印刷有限公司

地址：深圳市龙岗区坂田大发路 29 号 1 栋

开本：787 毫米 ×1092 毫米 1/16

印张：7.5

字数：111 千字

版次：2017 年 4 月第 1 版

印次：2017 年 4 月第 1 次印刷

定价：39.00 元

---

# 序言 preface

自学玩橡皮章子有六七个年头了，原本只是想出一本橡皮章子教程的书，然而，由于我懒惰，这个想法迟迟未落实，决定出书后，猛然发现市面上已经有好多本笔刀雕刻橡皮章子的教程，多到我一点都不想再做重复工作了。

还好我还有自己保留的“独门技能”——角刀雕刻。我觉得角刀雕刻和笔刀雕刻相比，更快更轻松，作品也更有趣味。笔刀雕刻只是简单地做了“复制图案”的工作，而角刀雕刻能让原本的线条作品变得更生动，有一种版画的感觉，呈现的效果让人更有成就感。其实最主要的是，目前还没有人专门做角刀雕刻的教程！

我觉得自己的经历挺有趣的，明明是汉语言文学专业的毕业生，却做了自由插画师；明明平时在画画，出版的第一本书却是食谱，第二本书是橡皮章子教程，好一个不务正业呢。不过也正是因为如此，我的教程看起来有着我作为插画师的“小傲娇”：能体现颜色搭配的工具选择、说明书式的制作过程图示、特定的拍摄角度，希望打开这本书的你不仅能学到新的技能，在视觉上也能获得比较舒适的体验。

ES 女王样

# 目录

contents

# 第一章 准备工具

# 常用工具
## 刀具

**角刀** 顾名思义，就是“有折角的刀”，刀刃呈“V”形，有大有小，以适应雕刻的不同要求。我最常用的是最细最小的角刀。

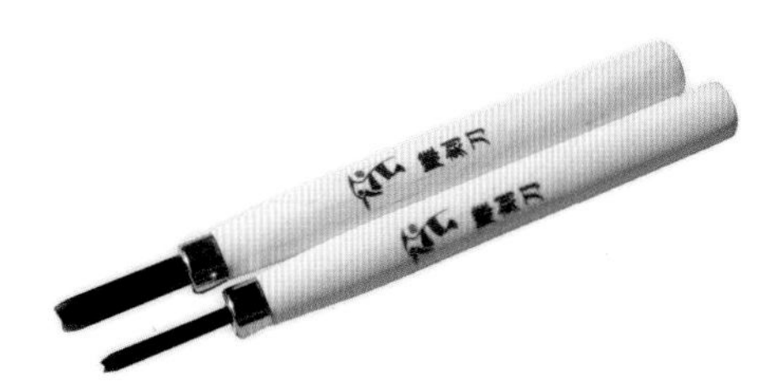

啄木鸟牌角刀

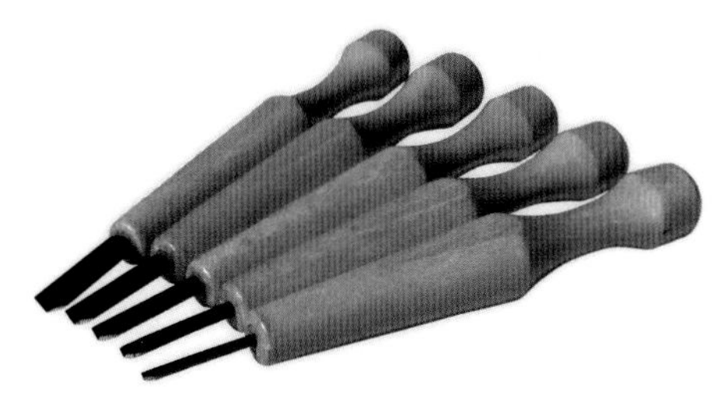

Esion 牌角刀

这是我使用得最多的一款角刀。

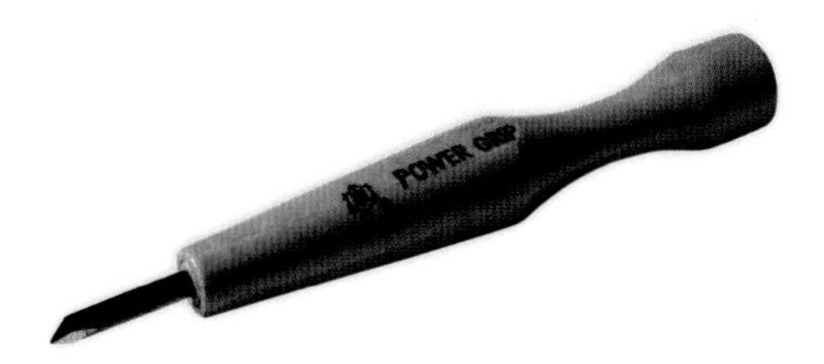


三木章牌（Power Grip）角刀

木柄角刀，有大有小。国产的价格低廉，日本产的价格中上。

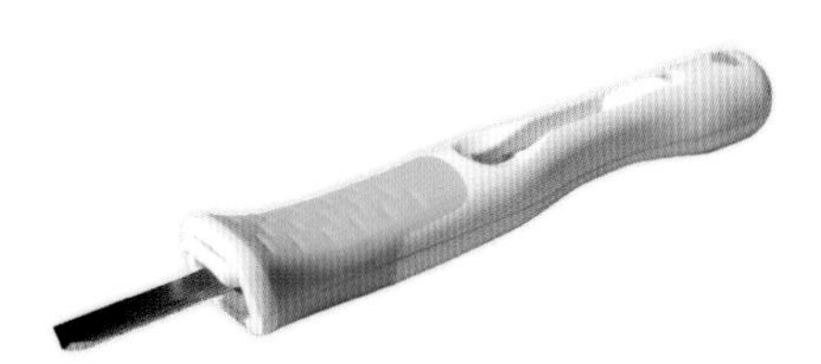

樱花牌角刀

塑料、橡胶手柄角刀，一般只有大小号之分，外形和色彩皆美，价格中等。

Speedball 牌角刀

Speedball 牌“大肚子”角刀有不同型号的刀头，不用时可以将刀头放入“肚子”里，刀柄有多色可选，价格较高。

ABIG 牌角刀

※ 其实 Speedball 牌和 ABIG 牌的常用刀刃介于角刀和丸刀之间，因为我平时用得比较多，小号刀头的可以当角刀用，所以在这里归到角刀这个类别。

# 其他刀具

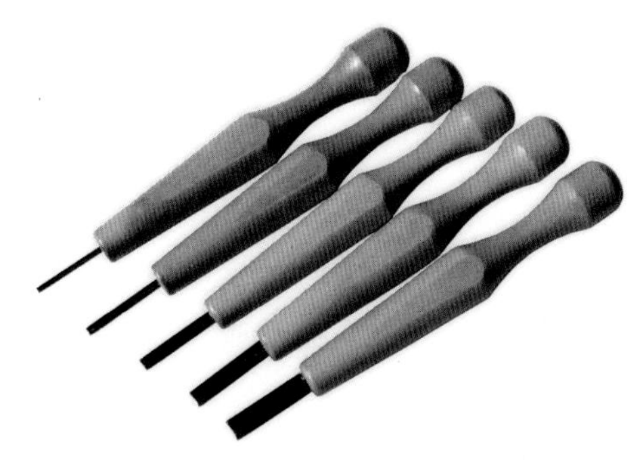

Esion 牌丸刀

丸刀和角刀很像，区别是丸刀刀刃呈“U”形，雕刻出来的线条痕迹比较圆润，但大致和角刀相似。所以本书主要讲的是角刀的使用方法，丸刀的使用方法和角刀基本一致。

※ 啄木鸟、三木章、樱花这几个品牌生产丸刀。

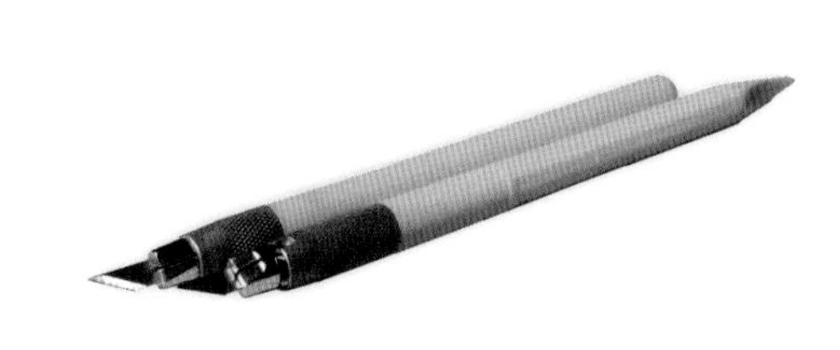

笔刀

笔刀和美工刀的刀刃类似，主要有 30 度和 22.5 度这两种刀刃，适合雕刻线稿和大色块作品，使用熟练后能达到还原图片的效果。

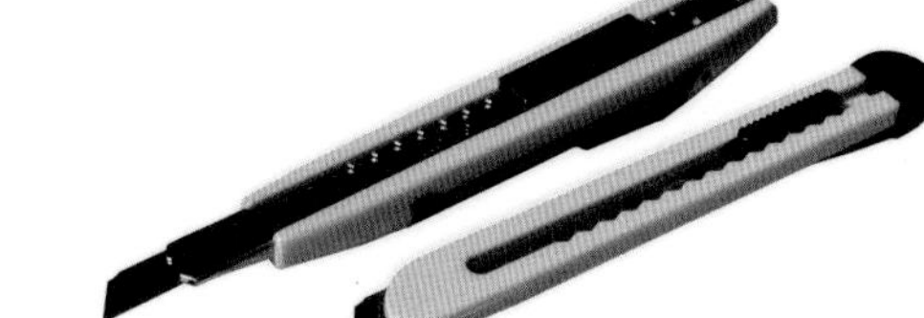

美工刀

美工刀用来切割大块橡皮砖，或者在雕刻完后切除外围不需要的部分。

## 各种刀具痕迹的区别

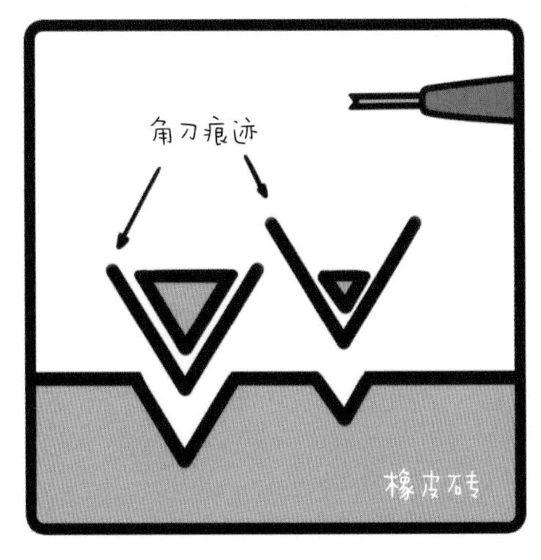


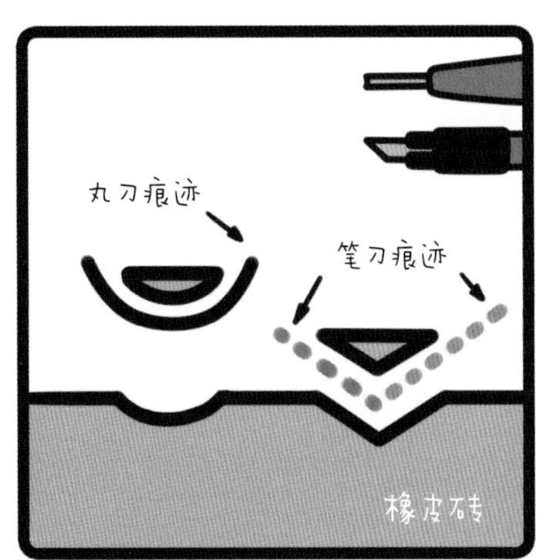

# 其他工具

### 可塑橡皮

可塑橡皮像橡皮泥一样柔软好捏，带有一定的黏性，用来清除橡皮砖表面的铅笔印或者印泥痕迹。

### 印台和印泥补充液

手工雕刻的橡皮砖需要在表面均匀拍上印泥，然后在纸上盖印。

## 印台和印泥补充液的使用方式

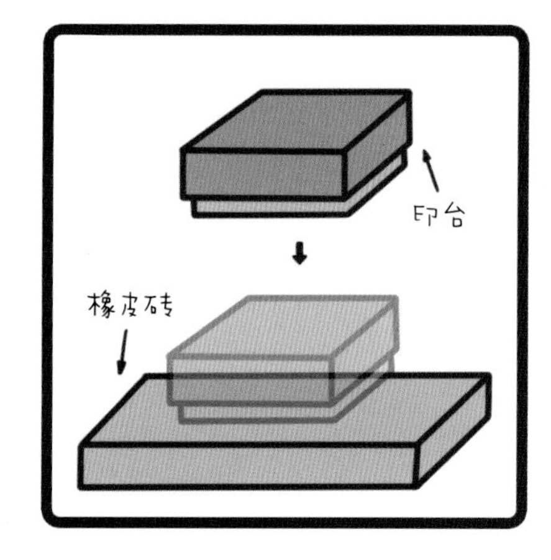


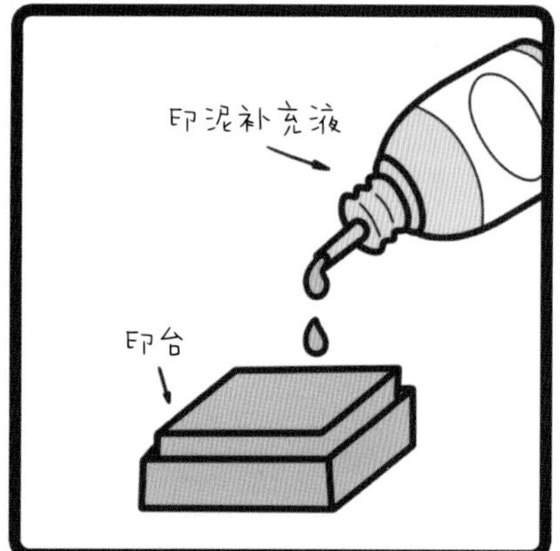


### 橡皮砖

雕刻用的专业橡皮砖各种尺寸都有，表面的硬度、韧性各不相同，需要多次尝试，找到最适合自己的。由于用角刀可能会刻一些密集的线条，过软的质地会影响最终的效果，所以推荐挑选质地较硬、韧性适中的橡皮砖，这样既能保证雕刻的线条不走样，也能使雕刻时更有手感。

## SEED 牌橡皮砖

本书大部分实例教程使用的是这款 SEED 牌灰黑双色橡皮砖，一来是因为双色橡皮砖能使雕刻出来的图案看起来更明显，二来是因为这款橡皮砖的密度固定，不会太硬使下刀吃力，也不会太软影响线条的走线。

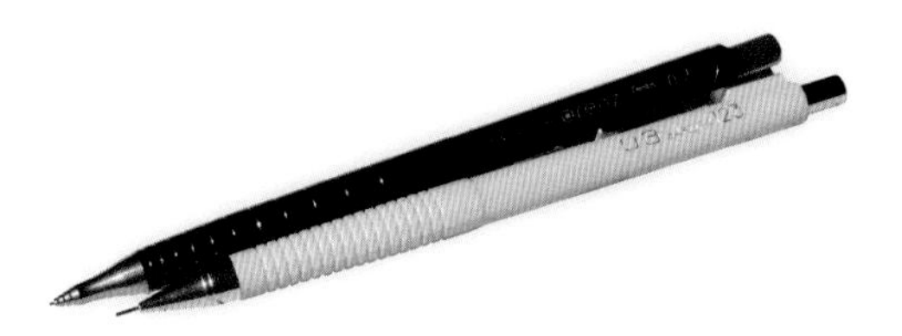

## 铅笔

根据要转印的图案线条来挑选相应粗细笔芯的铅笔，一般用 2B 铅芯，因为石墨浓度高才能清晰完整地转印图案。

## 垫板

垫板不仅能保护桌子不被刀具破坏，还能最大程度保持桌面整洁。

## 纸胶带

如果转印的图案过大，为了防止图案位移，可以使用纸胶带固定硫酸纸。

## 硫酸纸

用来转印图案。

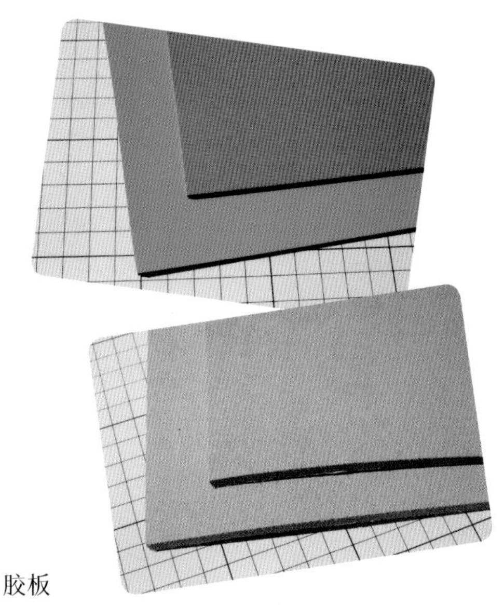

## 胶板

除了橡皮砖，还可以找胶板来尝试雕刻，但是胶板密度较高，韧性较强，雕刻时比较吃力。

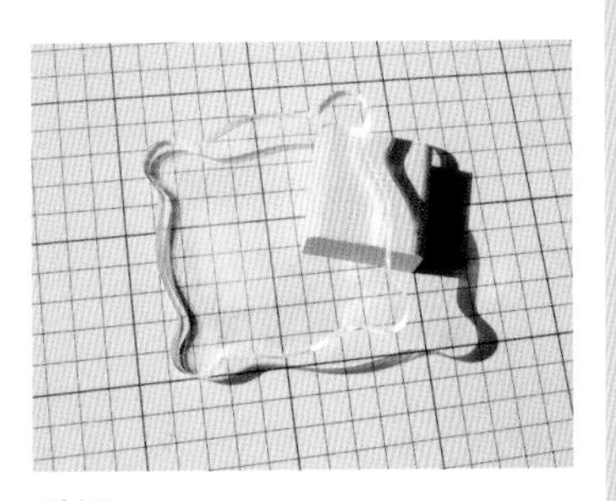

## 手柄

雕刻好的橡皮章子想要送人、出售，或者希望盖印时更方便，可以粘上手柄使橡皮章子更完美，手柄有亚克力、木、软木等材质的。

酒精胶

用来固定橡皮章子和手柄。

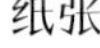

砂纸

如果木质手柄不够光滑，就可以用砂纸进行打磨。砂纸也可以使用在橡皮章子表面，形成高光效果。

纸张

不同类型的纸张配合不同质地的印泥，能使橡皮章子盖印出不同的效果。

印泥清洗液

印泥清洗液专门用来清洁橡皮章子表面。

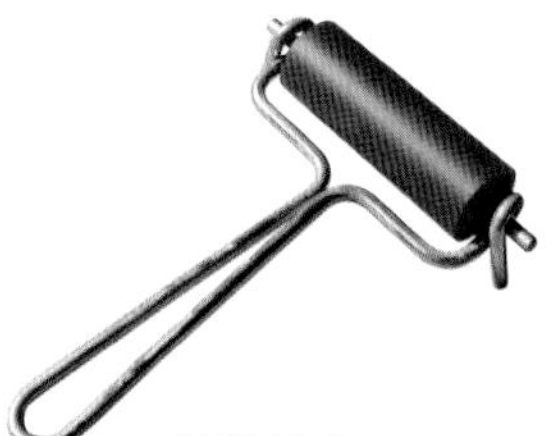

橡胶滚筒

如果橡皮章子过大，不容易均匀上印泥，就需要借助滚筒。

浮水印台和凸粉

热风枪

浮水印台和凸粉配合热风枪可以做出浮雕效果。

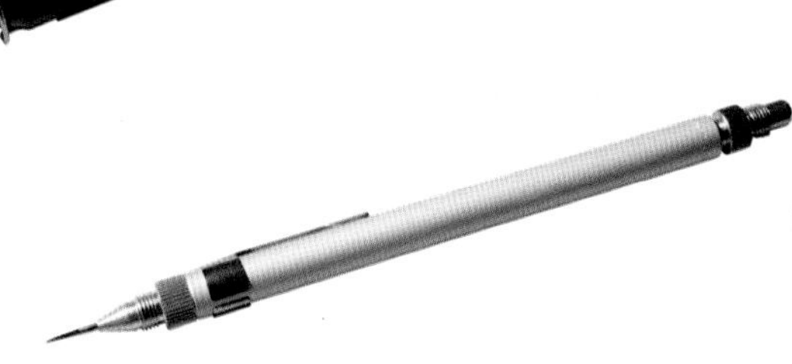

针

尖尖的针可以用作雕刻的辅助工具，戳出一些刀尖无法达到的效果。

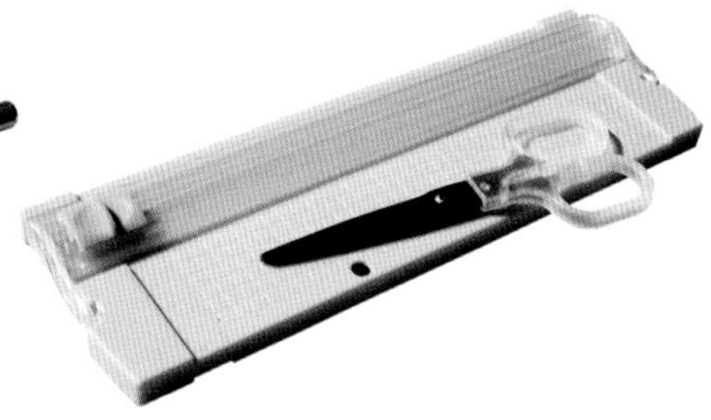

裁纸刀和剪刀

印制小卡片或者制作书签之类的纸制品时会用到。

## 初学者基础套装

第一次学做橡皮章子，我们需要准备些什么呢？

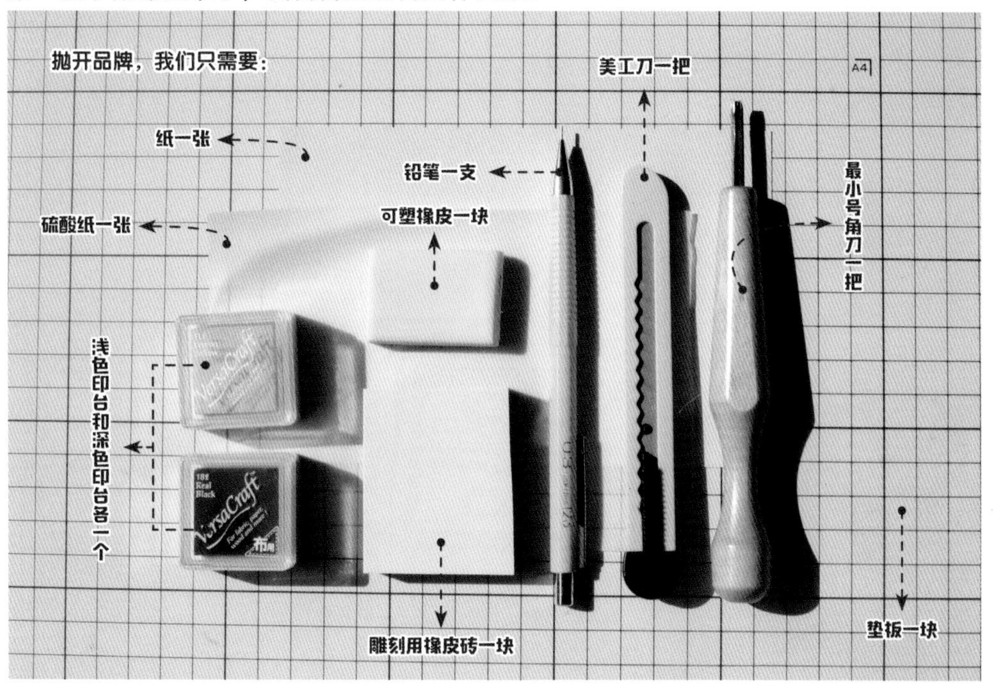


## 初学者进阶套装

想要使橡皮章子更完美，可以加上手柄。

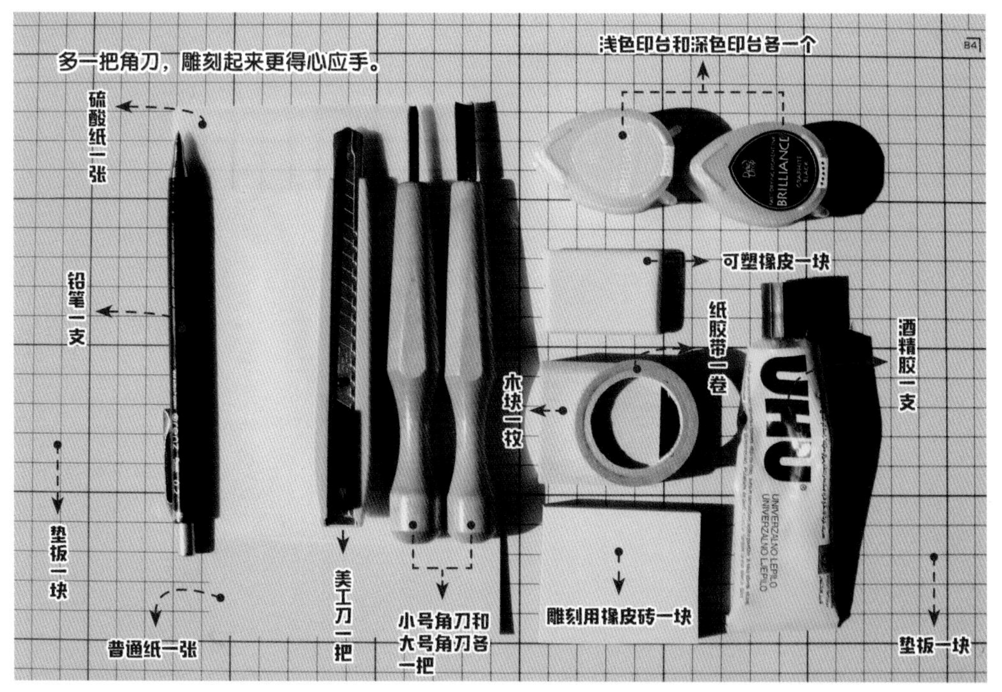

# 为什么要用角刀

目前市面上，介绍笔刀雕刻橡皮章子的教程特别多，而专门的角刀雕刻教程非常少见，在大部分的橡皮章子教程中，角刀作为配角偶尔出现。为什么单独做一本角刀雕刻橡皮章子的教程呢？我们先来对比一下角刀和笔刀雕刻的效果吧。

同样的图案，按照正常的方式，角刀和笔刀雕刻出来的效果是不一样的。笔刀完美还原了原图，而角刀刻出了另一番滋味。这说明笔刀无法刻出细节吗？接下来我们换一种方式对比看看吧。

原图

角刀雕刻效果

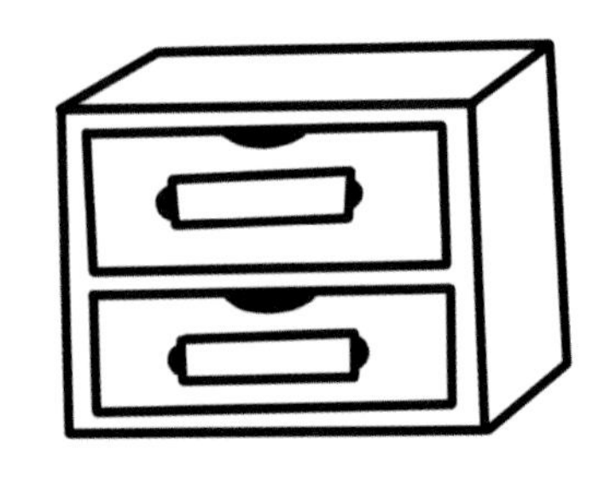

笔刀雕刻效果

同样的图案，两种雕刻方式，乍一看两者似乎区别不大，笔刀雕刻出来的成品看起来比角刀雕刻的更干净利落，没有那么多零零碎碎的边角。接下来我们再看看两者的区别在哪里。

角刀雕刻效果

笔刀雕刻效果

下面两张图中的鸟和乌梅罐，是用角刀雕刻完成后，笔刀照着成品描图所做的复刻。我们能发现，笔刀基本上能（够仔细的话甚至完全能）模仿出角刀雕刻的效果，但是耗费时间非常久，也非常耗费精力。

而城堡是通过同一张图直接雕刻的，没有使用角刀完成的作品作为参考，笔刀只能通过脑海中的记忆尽量模仿角刀的锯齿和碎小细节，因此两个橡皮章子的效果有了明显的区别。笔刀的刻意模仿痕迹严重，不如角刀来得自然轻松。

角刀雕刻效果

笔刀雕刻效果

通过对比，我们可以发现，抛开“要和原图一模一样”这个要求的话，角刀的自由发挥度更高，用角刀雕刻橡皮章子比用笔刀更好玩呢！下面我们一起进入角刀“戳戳戳”的世界吧！

雕刻同一张图，使用角刀和笔刀有以下不同。

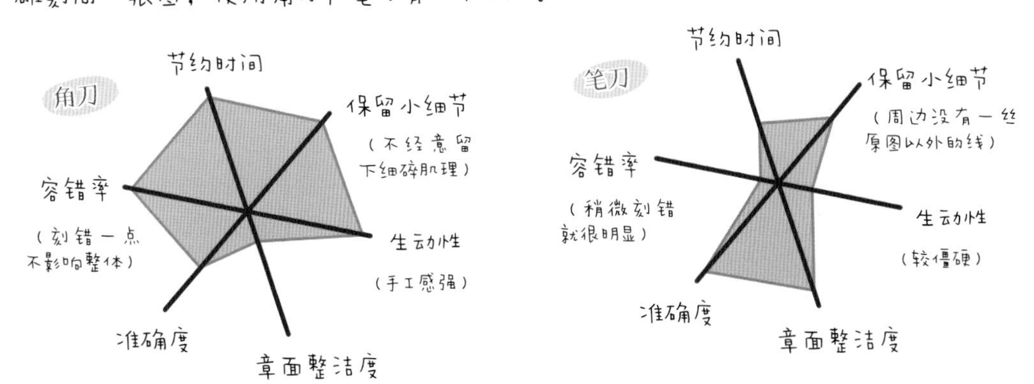

第二章

# 基本刀法和基础练习

## 直线和排线

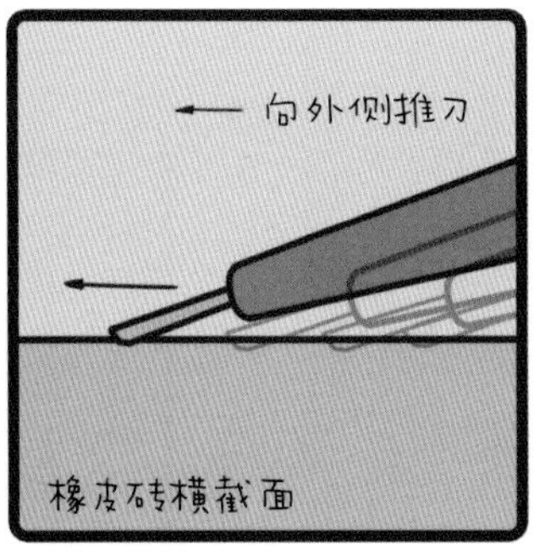


一只手持橡皮砖，另一只手持角刀，向外侧推刀，直到线条转弯，基本保持住“推刀”也就是向外“戳”的动作，通过转动橡皮砖来带动刀痕的走向。由于角刀的刀刃呈“V”形，只要在橡皮砖上推刀，就能出现刻痕。

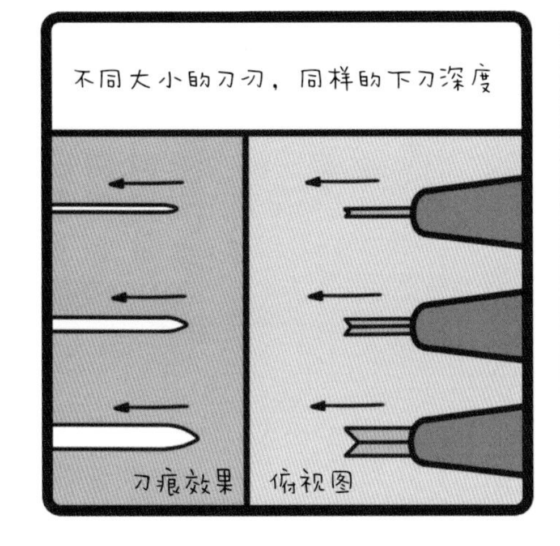


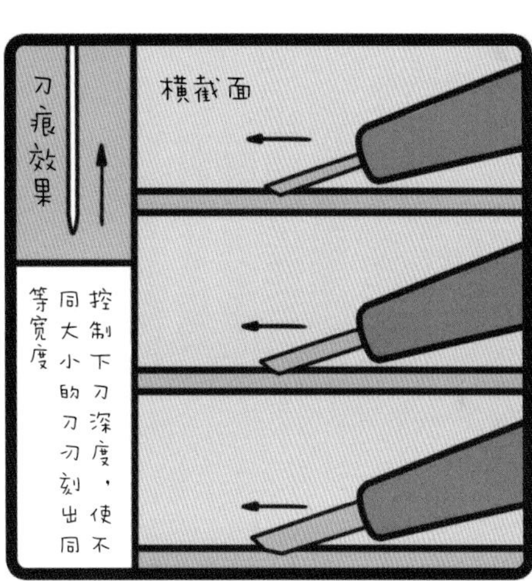


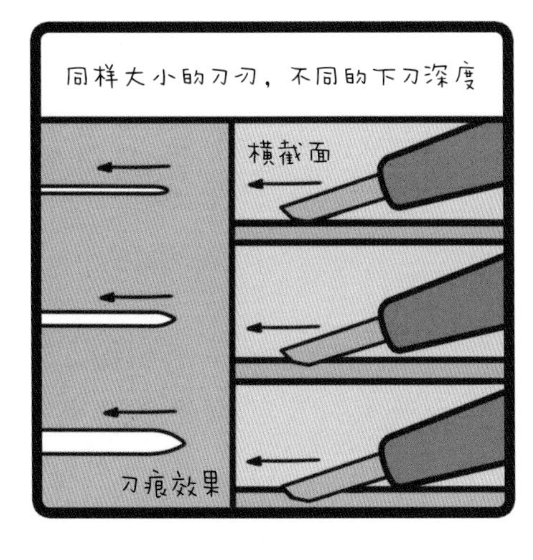


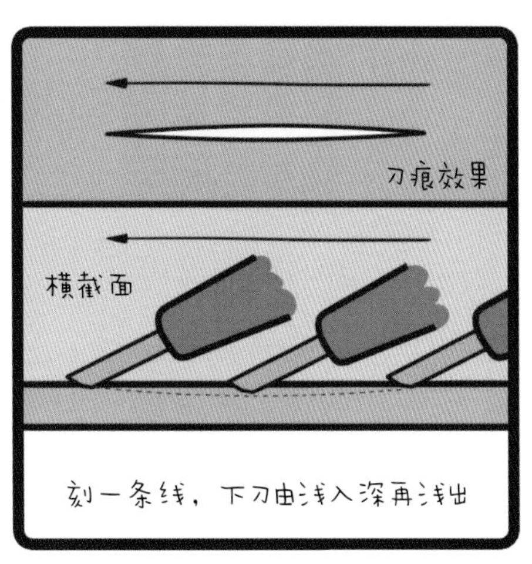


不同型号的角刀差别主要在于两侧刀刃的宽度，而两片刀刃的夹角基本上是一致的。同一条直线，可以通过选择不同型号的角刀，或者控制不同的下刀深度呈现出不同的雕刻效果。排线的时候一定要果断，在手稳的情况下快速戳出，这样能使交叉点干净利落。

## 练习一：平行排线

用同一把角刀，一样粗地排线（a）；渐粗地排线（b）；一头粗一头细地排线（c）。

用不同型号的角刀，一样粗地排线（d）。

## 练习二：交叉排线

用同一把角刀，垂直交叉地均匀排线（a）；一侧渐变地排线（b）；中间窄两侧宽地排线（c）；倾斜交叉地均匀排线（d）。

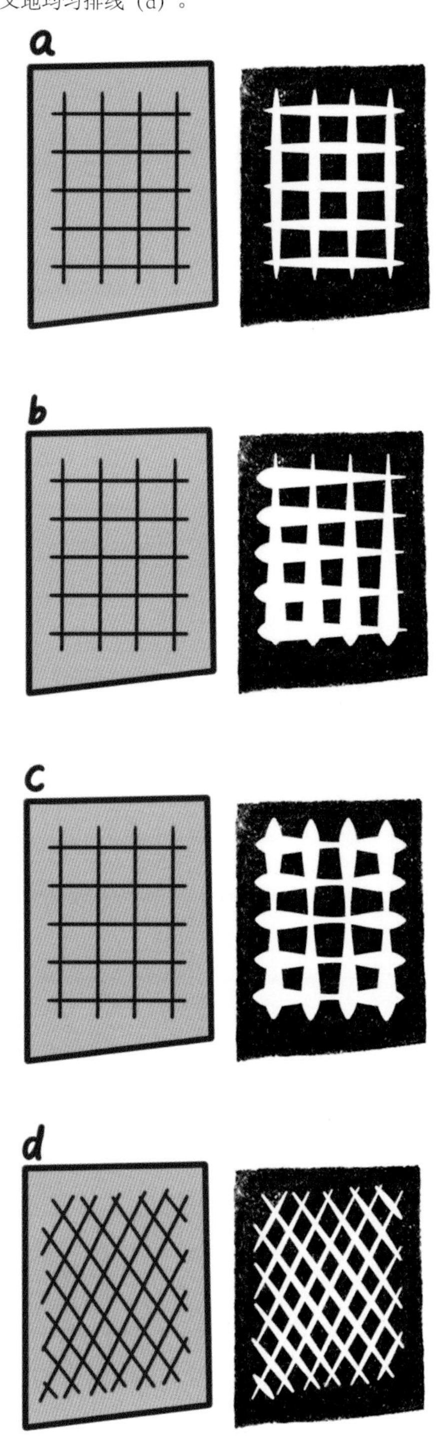


* 左侧橙色图为原图，右侧图为雕刻完后的盖印效果，全章统一。

## 曲线和圆

雕刻小波浪，刀子要左右快速摆动；雕刻大波浪，要左右匀速移动橡皮砖；雕刻圆圈和旋涡，保持刻刀匀速弧线推进的同时，另一只手要不断转动橡皮砖。作为新手，不能很快转动橡皮砖或者转不圆是很正常的事情，多练几次就会熟练起来，不要灰心。个人的习惯不同，有人喜欢顺时针转动橡皮砖，有人喜欢逆时针转动橡皮砖，找到自己最顺手的方式即可，不需要刻意讲究。

### 练习三：波浪线

直线走向的大小波浪线（a）；带弧度的大小波浪线（b）。

a

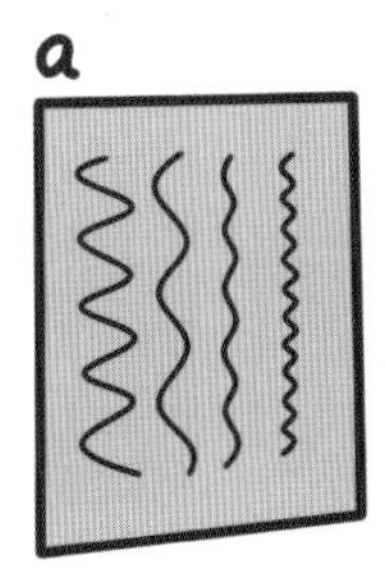

b

### 练习四：圆形和旋涡

同心圆（a）；两种不同方向的旋涡（b）。

a

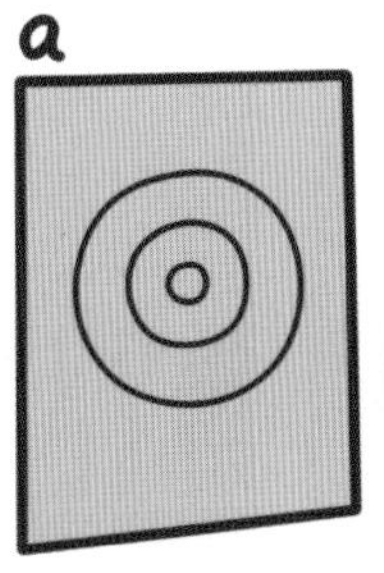

b

## 虚线和点阵

虚线的雕刻方法有两种，一种是先刻出直线，再一点一点截断中间部分；另一种是通过两次类似波浪线的雕刻，保留中间的虚线部分。点阵其实就是通过更仔细更紧密的排线留出的小点点，一般用于雕刻人物的腮红，或者用来区分实线效果。

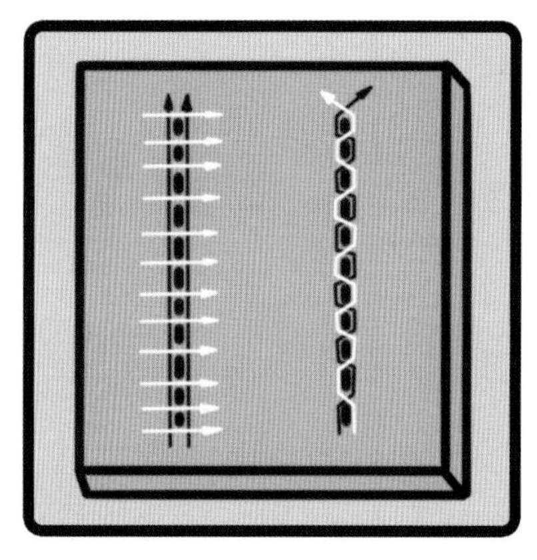

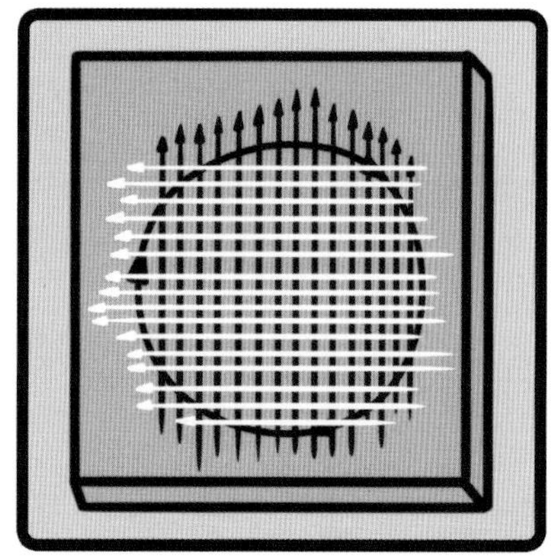

### 练习五：虚线

直线走向的虚线（a）；弧线走向的虚线（b）。

### 练习六：点阵

均匀的点阵（a）；有疏密变化的点阵（b）。

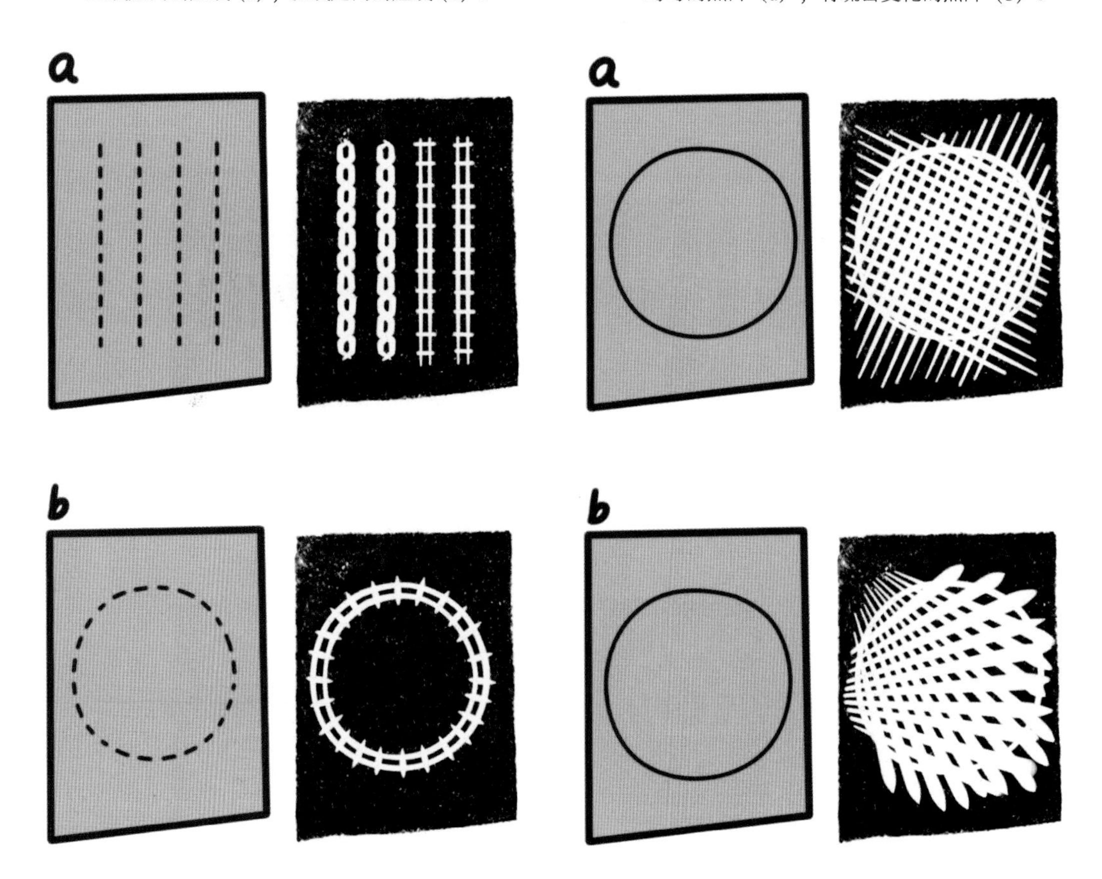

# 留白和木纹

在使用角刀雕刻的过程中，不需要把留白部分（也就是除了要保留的线条以外大片需要刻掉的部分）刻得过于干净，留下一些细碎的痕迹会使得作品更生动更有趣，手工感更强，还有木版画的味道。但是不能左戳一下右戳一下，还是需要按同一个方向来重复雕刻，这样留下来的痕迹会和主体保持一致。不同的留白方式，最终呈现出完全不同的盖印效果。

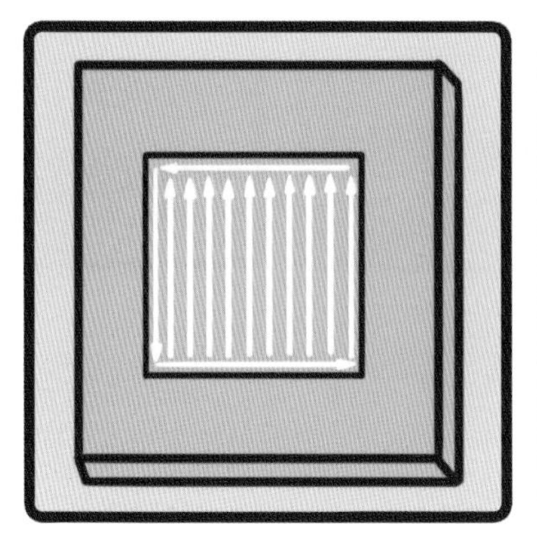

**练习七：留白**

方形留白（a）；圆形留白（b）。

**练习八：木纹**

立方体木纹（a）；圆柱体木纹（b）。

## 皮毛质感和羽毛质感

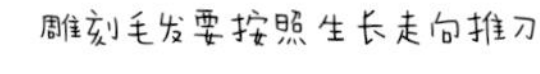


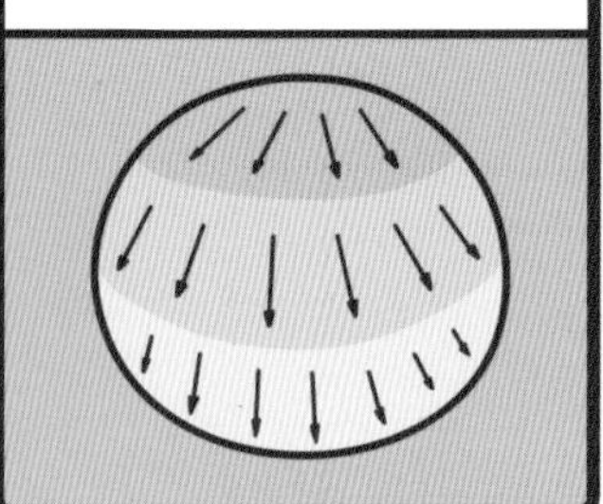

通过线条疏密交叉表现层次

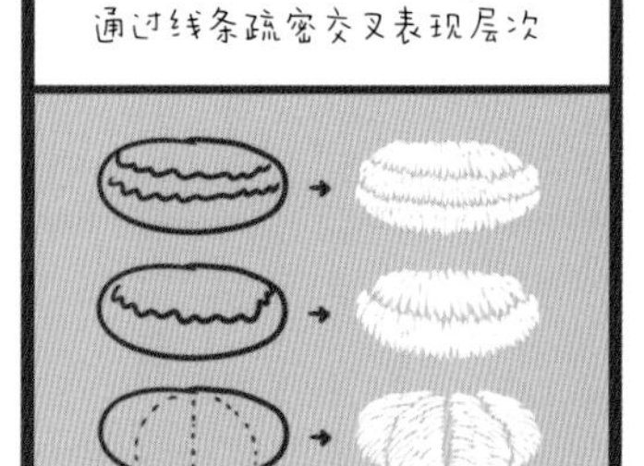

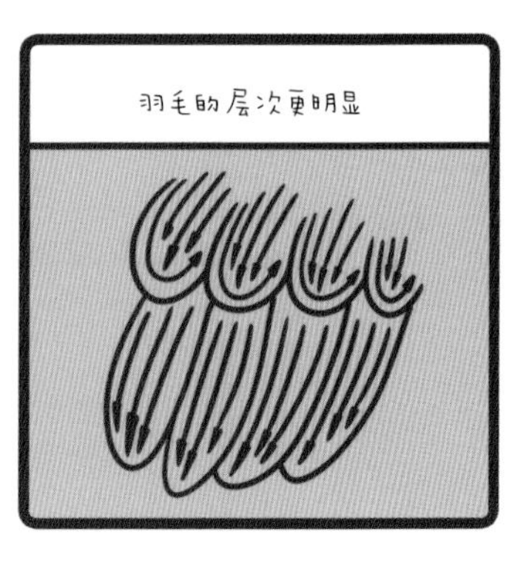

雕刻动物的毛发需要先理清楚走向，再按照一定的顺序来雕刻，过程类似于一根一根画出来。特别要注意，抬刀的手法要轻盈一些，确保毛发顶端是逐渐变尖的过程。鸟类覆盖的羽毛有一定的走向，和哺乳动物的毛发不同的是，大片的羽毛顶端比较圆润，没有那么尖，可以通过抬刀的手法或者多刻几次来达到想要的效果。

### 练习九：皮毛质感

猫（a）；猴（b）。

a

b

### 练习十：羽毛质感

鹰（a）；猫头鹰（b）。

a

b

## 小痕迹与打孔

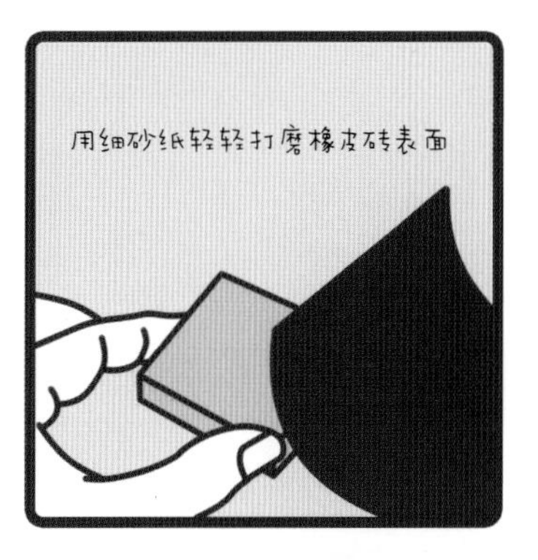


有的时候，小细节可以增加作品的质感，比如用角刀划出半毫米的细小划痕，用砂纸轻轻打磨部分章面，或者用针尖刮出毛糙的效果，戳出细小的点点（比如眼睛的高光部分），大家不妨试一试。

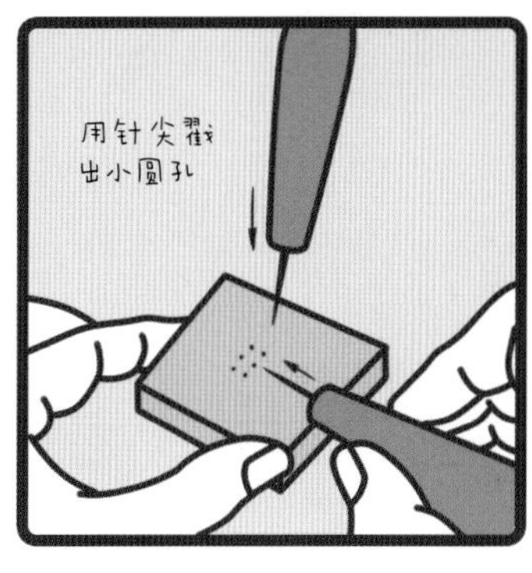


### 练习十一：小痕迹

角刀轻划的小痕迹（a）；针尖轻戳的小痕迹（b）

a

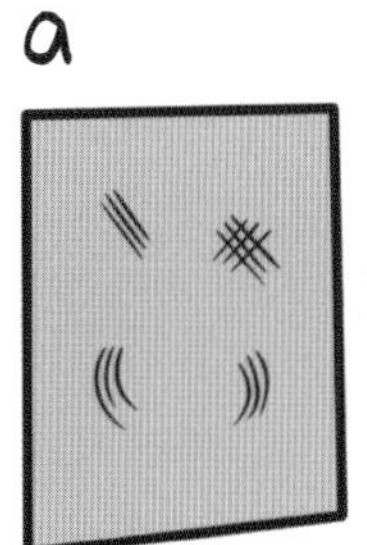

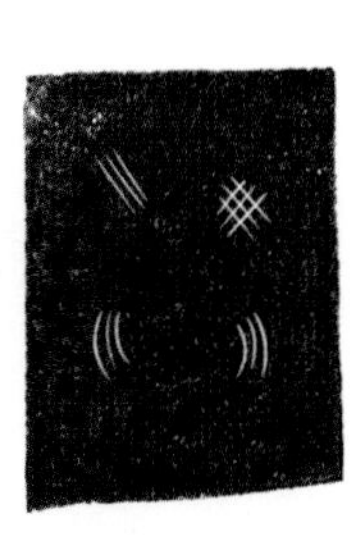

b

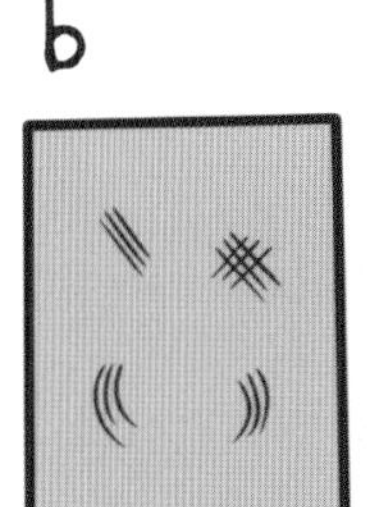

### 练习十二：打孔

砂纸打磨高光效果（a）；针尖刮出毛糙质感（b）。

a

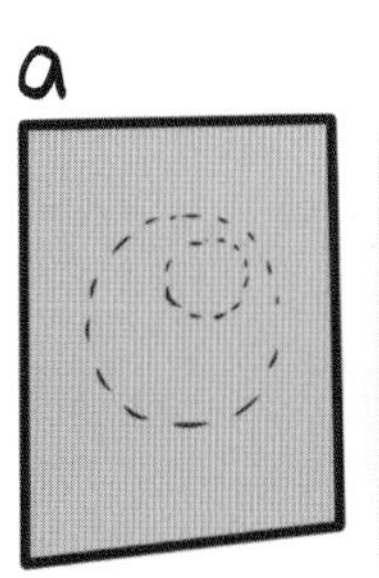

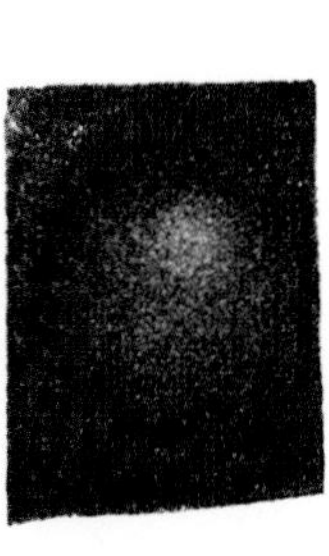

b

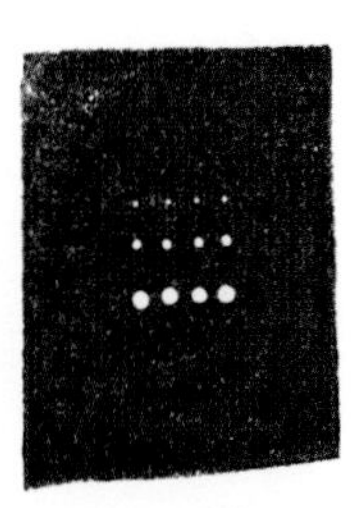

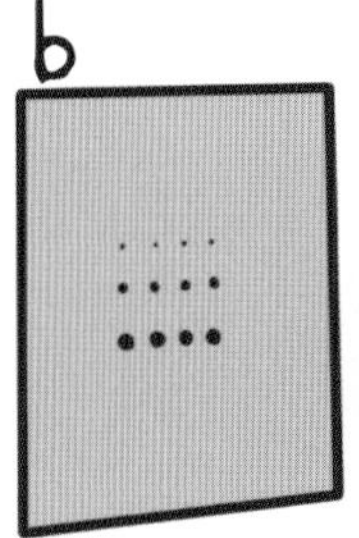

学习完使用角刀所需要的主要技法后，我们就能在雕刻完整的橡皮章子前心中有底了。赶紧拿起手中的刻刀练习吧！

# 第三章 实例分解教程

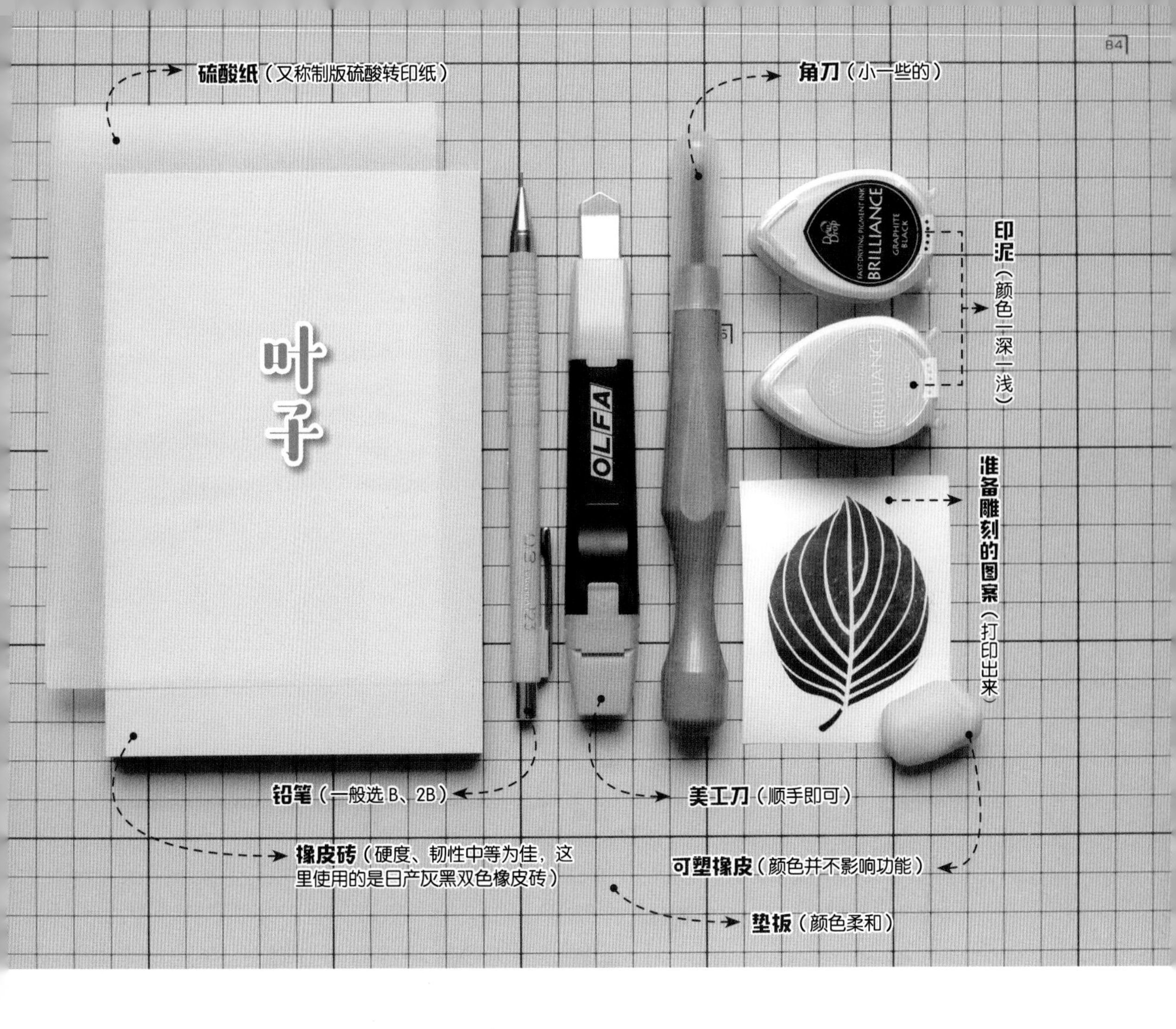


作为角刀雕刻橡皮章子的入门教程，笔者为大家选择了叶子的图案。相比较而言，使用角刀最容易上手的就是这类阴刻（即刻掉线条留出大色块）。

叶脉的粗细渐变也能让大家快速掌握用不同力度控制角刀，从而雕刻出自然流畅的线条。

**1** 将硫酸纸盖在打印出来的图案上，用铅笔照着描一遍图。

对比一下图左侧和图右侧两种描图方式，由于角刀下刀的特点，我们并不需要像左侧那样完全按照原图留出空白的部分，像右侧那样，顺着叶脉的轮廓和纹理描一遍即可。

2 将描好的硫酸纸反过来盖在橡皮砖上，用指甲轻轻且均匀地刮一刮，揭开纸后，图案就转印到橡皮砖表面了。

3 橡皮砖很大，用美工刀将需要的那一小块切下来即可，剩下的存放起来，留着以后刻别的图案用。

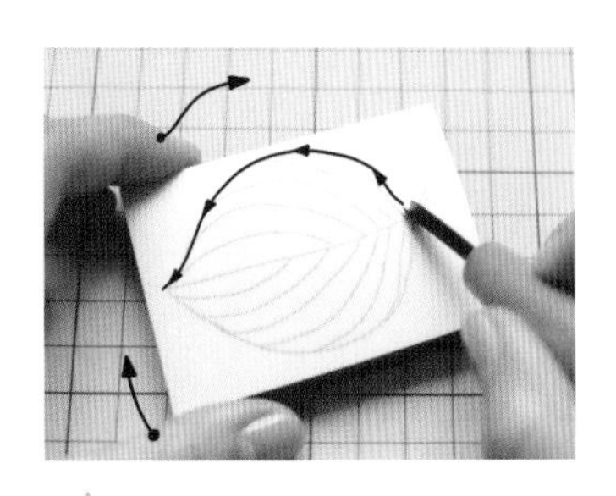

4 按照箭头指示的方向推刀，同时拿着橡皮砖反方向慢慢转动。

5 由于这一步是要刻出叶子的轮廓，用刀力度均匀即可。

6 顺着箭头指示的方向推刀，刻出叶子另一侧的轮廓。

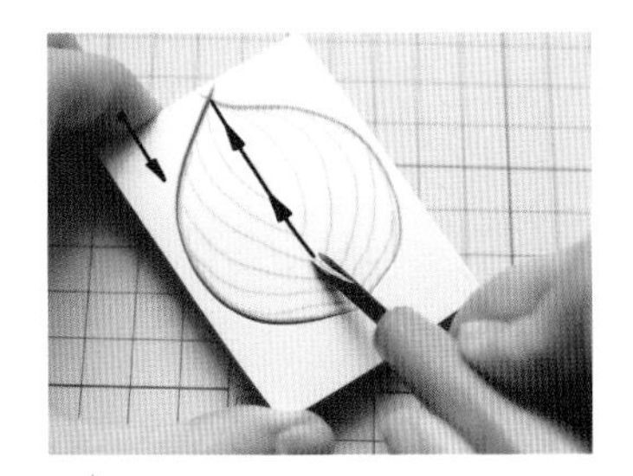

7 从叶柄和叶片交接处向叶尖处推刀，下刀的深度和力度可以慢慢变浅变轻（这样叶脉线条会逐渐变细）。

8 雕刻边上的叶脉可以按两个方向推刀。这一侧，我们从主叶脉向外侧推刀，下刀深度和力度逐渐变浅变轻。

9 另一侧的叶脉，我们从外侧向主叶脉推刀（正好与第 8 步的方向相反），下刀深度和力度逐渐变深变重。这里需要注意，接近主叶脉线条时小心一些，避免过头。

10 顺着箭头指示的方向刻出叶柄一侧的轮廓。

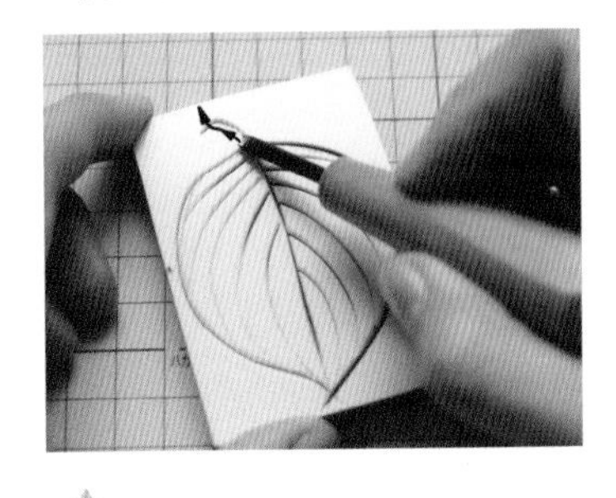

11 依旧顺着箭头指示的方向刻出叶柄另一侧的轮廓。

12 沿着已经刻出来的叶子轮廓再刻一圈外侧留白。

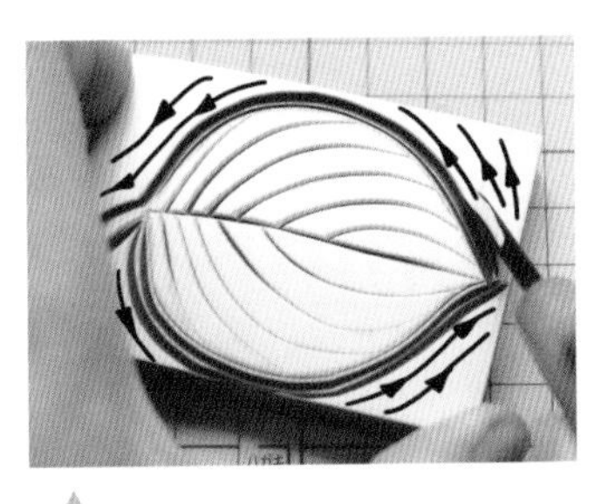

13 重复第 12 步多次，不用过于仔细，将留白挖出来即可。

14 用美工刀将周边不需要的部分切除（保留刚刚挖过的留白处）。

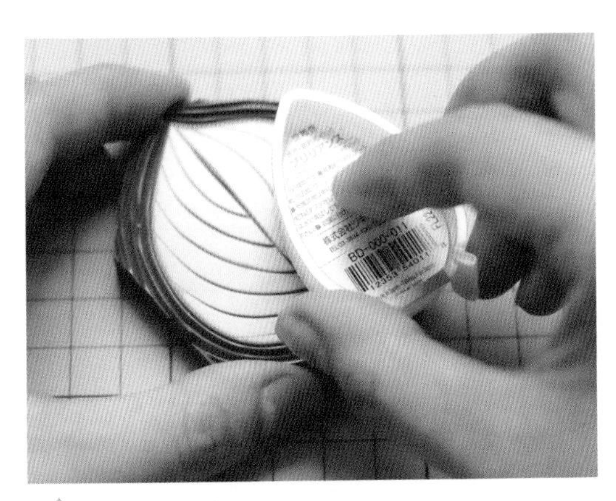

15 将浅色印泥均匀拍在橡皮章子表面。用浅色印泥的原因是方便一会儿清洁章面。

16 仔细观察印出来的图案，看是否有地方漏刻，如果有，就需要补刻。这个步骤叫做试印，虽然看似可有可无，但其实挺重要的。角刀作品追求的是自然的木版画效果，除非漏刻，否则不建议在已经刻好的线条上做二次修改。

17 用完橡皮章子后，要使用可塑橡皮清洁章子表面。方法很简单，将橡皮揉成长条，用手来回滚搓即可粘去橡皮章子表面的铅笔印和试印的印泥残留。

18 这次，用你想要最终呈现的颜色（笔者使用了黑色）的印泥均匀拍在橡皮章子表面，印在纸上。

19 这样，你的第一个角刀雕刻的橡皮章子就完成啦！是不是没有想象中那么难呢？

对照一下原图，你会发现，刻叶脉时的力度会直接影响最终线条的变化效果。而角刀挖除留白的处理方式，会使周边随机留下细小线条，让你的橡皮章子无法完全还原原图，但是更加生动潇洒，有种木刻版画的味道。

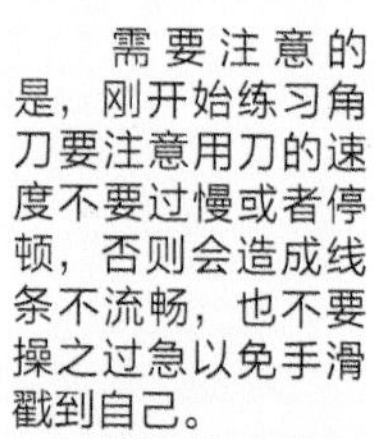

需要注意的是，刚开始练习角刀要注意用刀的速度不要过慢或者停顿，否则会造成线条不流畅，也不要操之过急以免手滑戳到自己。

假如你会使用笔刀，也可以多刻一份来对比使用角刀和使用笔刀的不同效果。

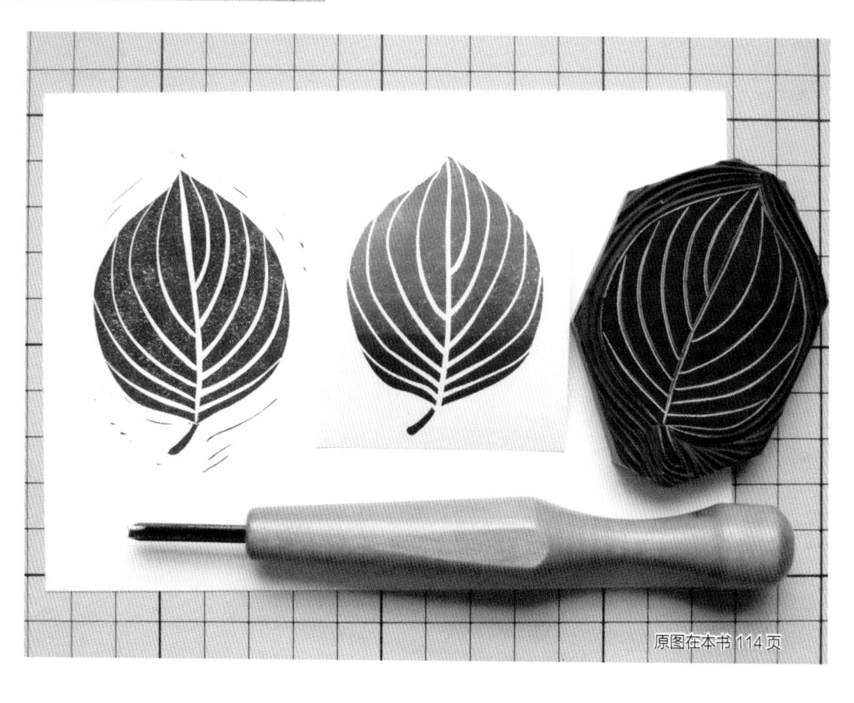

原图在本书 114 页

# 英文标签

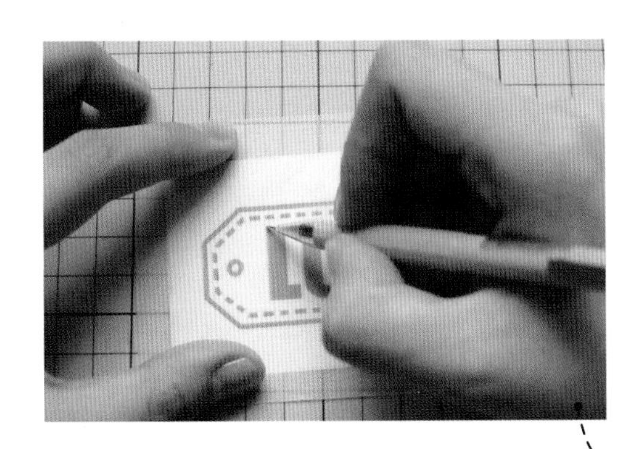

1 将硫酸纸覆盖在打印好的图案上，用铅笔描一遍轮廓。外框的实线和虚线可以随意些，不用特意追求刻得很直。

## 小贴士：

描完之后，可以在硫酸纸下面垫白纸来检查有没有描全。为了防止刻错，可以把保留的部分打上斜线表示不需要刻除。

2 将硫酸纸覆盖在橡皮砖上，固定不动，并用指甲来回刮动，使铅笔印完整地转印到橡皮上。

3 转印的位置尽量贴近橡皮砖的边沿，这样用美工刀切下雕刻区域时，就能尽量不浪费可用的部分。

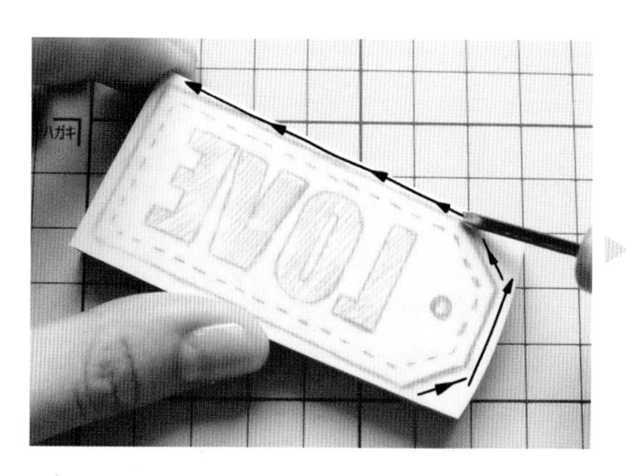

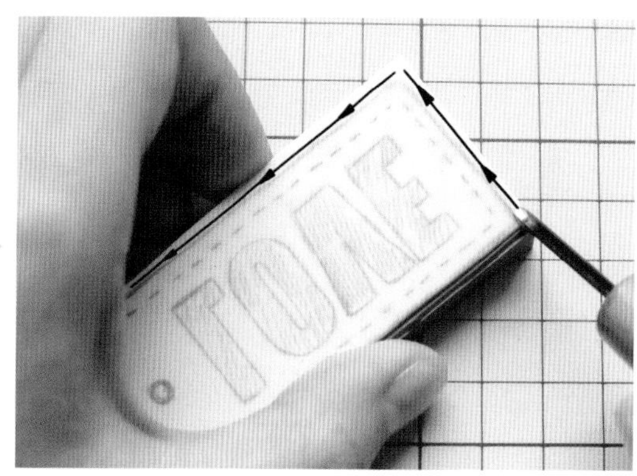

4 用最小号角刀顺着箭头所指的方向推刀，刻出外框的轮廓。注意尽量保持匀速，下刀力度均匀。

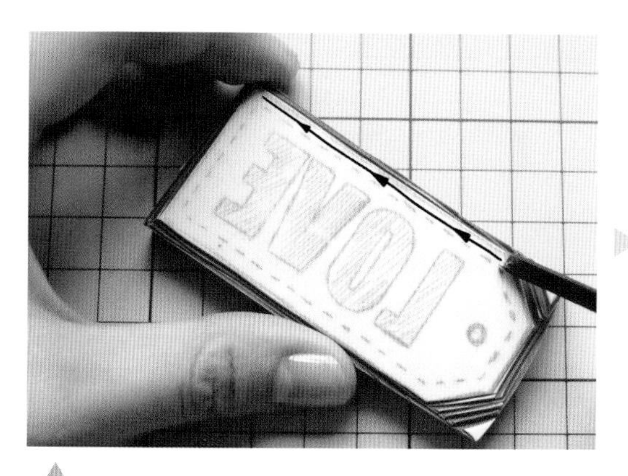

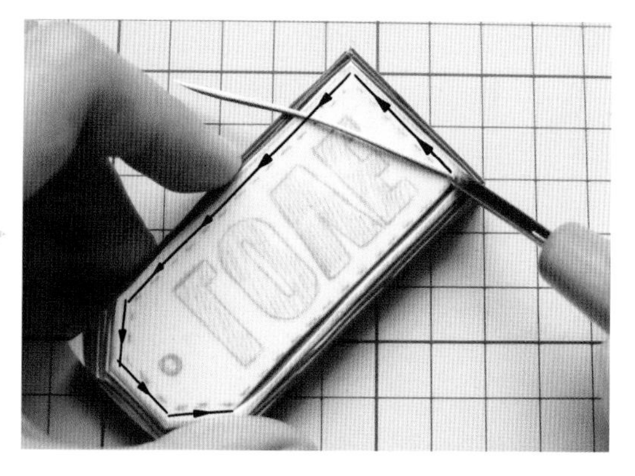

5 用稍微大一点的角刀刻除虚线和实线之间的空白。根据空白的大小来选择恰当型号的角刀。

## 小贴士

选择刀刃的开口比空白大一点的角刀，这样一次推刀就能将空白全部刻掉。

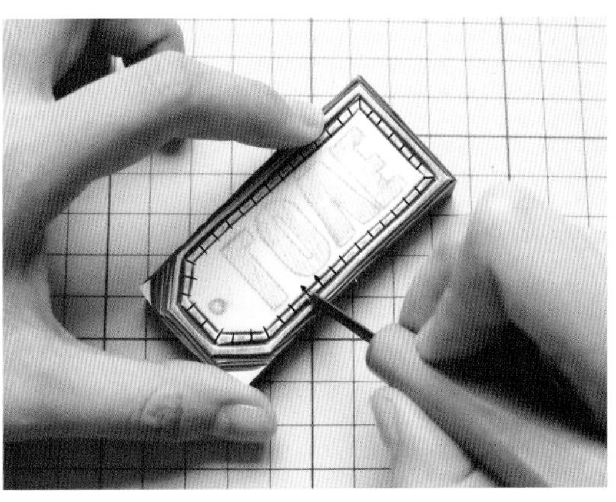

**6** 继续用小角刀沿着箭头所指的方向推刀，留出虚线部分。

**7** 在虚线部分从里向外推刀，注意不要破坏外框的实线和里面需要保留的文字部分。

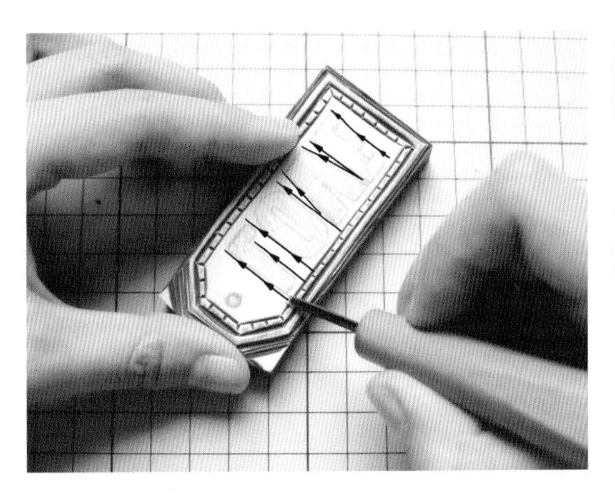

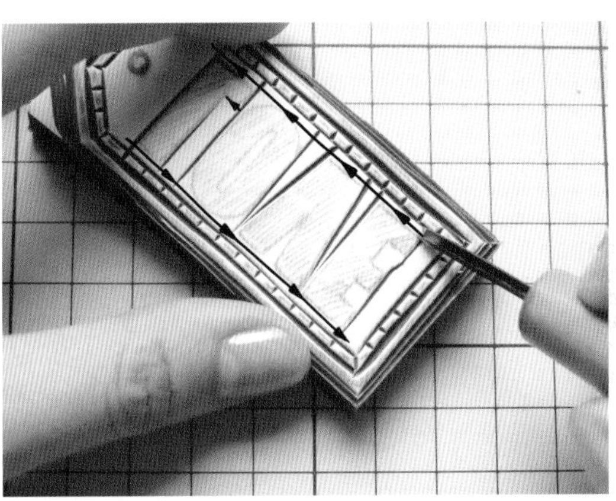

**8** 由于角刀是由里向外推刀的，文字部分各边的朝向不同。我们可以先刻同一方向的边，如图所示推刀。

**9** 再换一个方向，沿着箭头所指方向推刀，这样就不用一直变换橡皮砖的角度了。

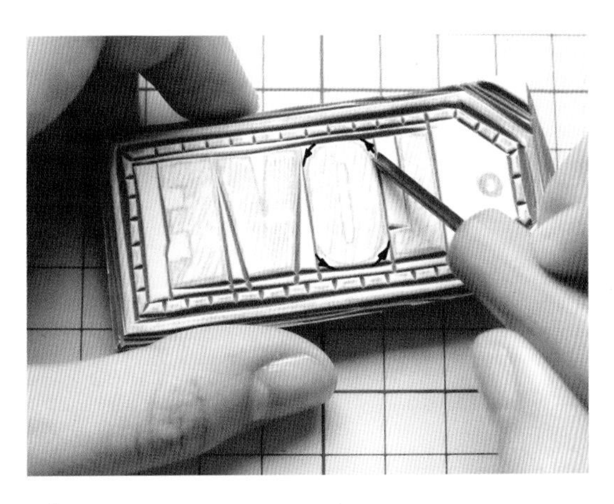

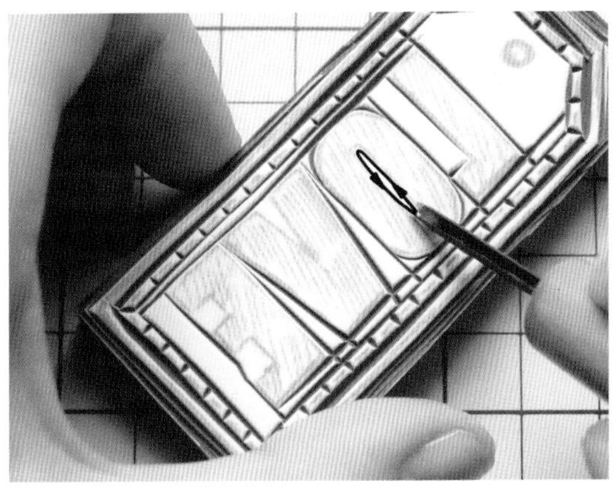

**10** 沿着箭头所指方向刻出字母“O”的四个弧度。

**11** 刻出字母“O”的中空部分。

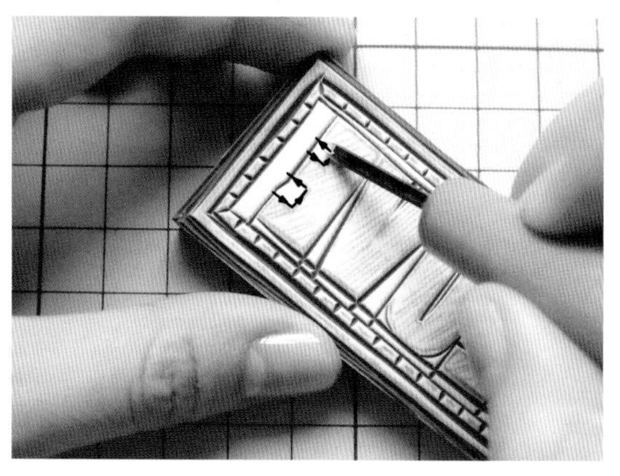

12 字母“E”的空白部分也要小心地刻出来。

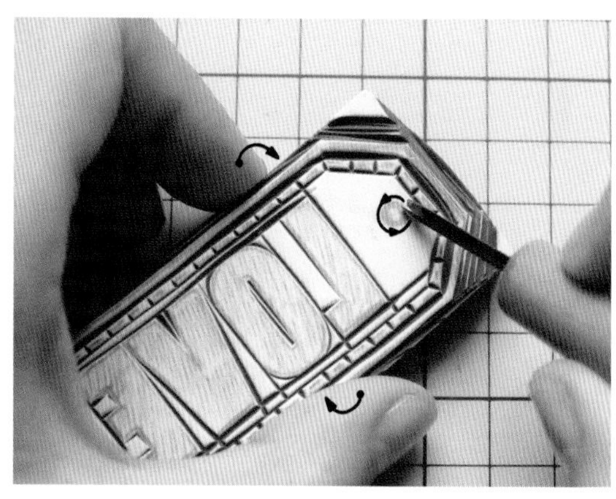

13 顺着箭头所指方向同时推刀和转橡皮砖，刻出圆形外轮廓。

14 刀尖戳入橡皮砖内，橡皮砖按照箭头所指方向转动，这样就能将中间的圆孔挖出。刚开始的时候可能很不顺，没关系，多刻多练习就会慢慢顺手了。

15 到这里基本上就完成了，接下来将留白部分刻除就可以了。注意尽量小心，不要戳到需要保留的部分。

16 用美工刀切除周围不需要的部分，不用完全贴着轮廓线条切割。

17 拍上浅色印泥试印，看看有没有地方漏刻了，补一下。

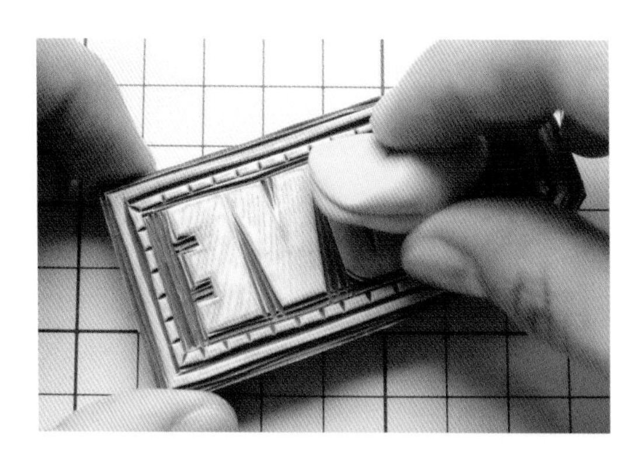

18 用可塑橡皮清理章面，粘去印泥和铅笔痕迹。

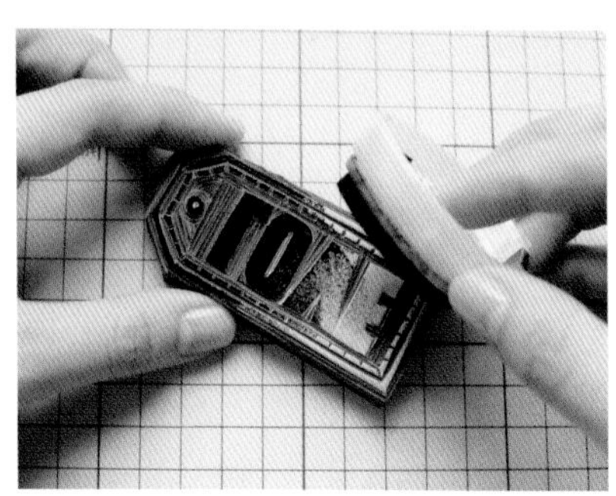

19 拍上深色印泥，查看最终效果。试印时使用浅色印泥，一来是因为方便清洁，二来是因为试印的纸可以重复使用。

20 这样，一个英文标签就完成了。这个橡皮章子，除了圆孔和字母“O”外，其他部分直直地推刀即可，非常适合新手练习。不仅可以练习一刀就留出两边的线条，还可以感受大小角刀的细微差别。

原图在本书 112 页

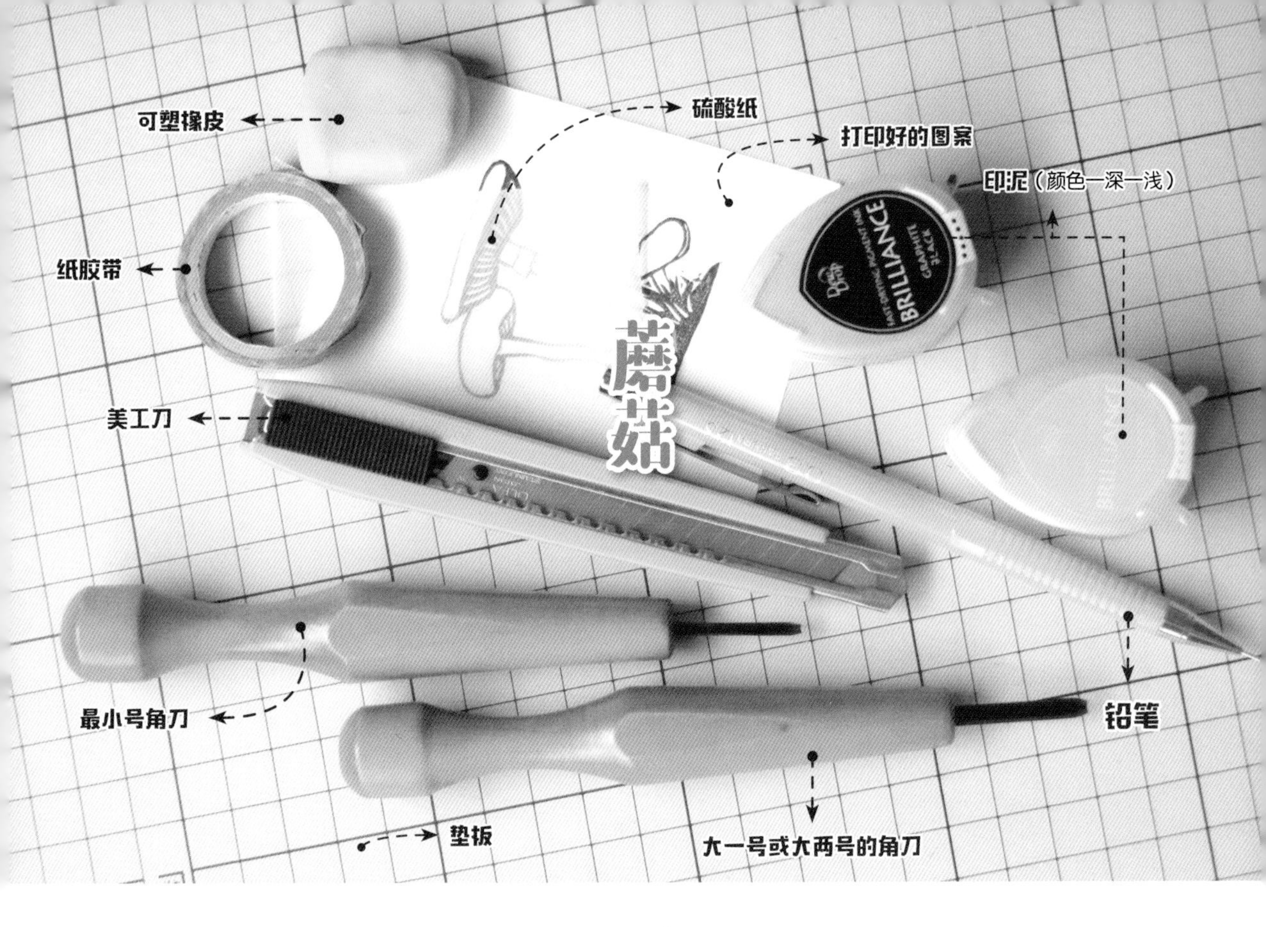

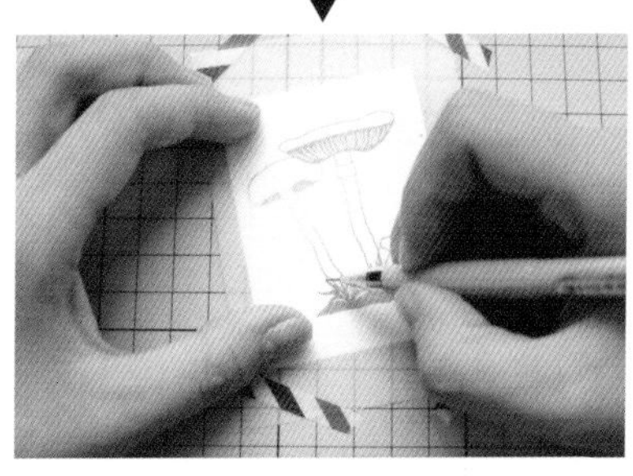

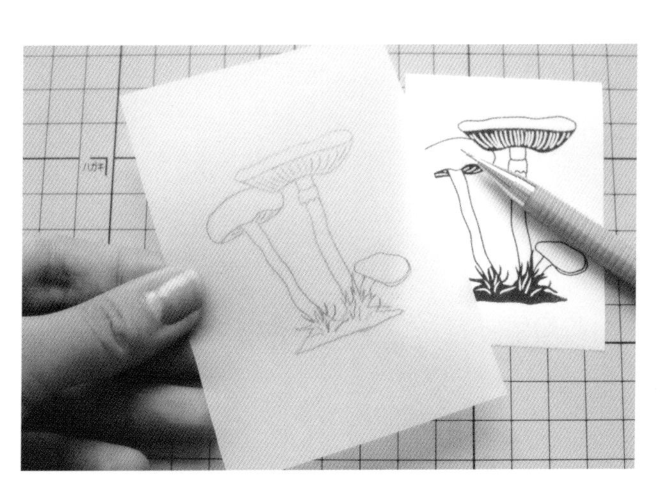

1 先将硫酸纸覆盖在打印好的图案上，开始描图。如果你怕按不住纸或怕不小心移动纸张，可以在描图之前用纸胶带将图案固定住。

## 小贴士：

蘑菇伞底的纹路，按照自己的感觉，顺着方向画即可，不一定要完全与原图的疏密程度一致。根部的杂草和泥土画出大致的走向即可。

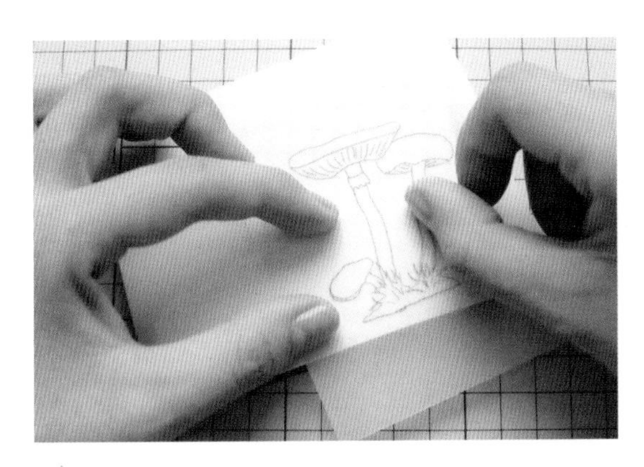

2 小心地将硫酸纸反过来，覆盖在橡皮砖表面，用指甲均匀轻刮。

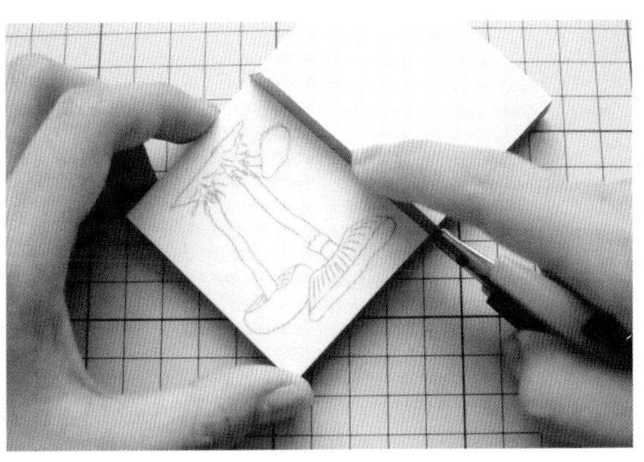

3 将转印好的橡皮砖部分用美工刀切下，剩下的部分留着以后使用。

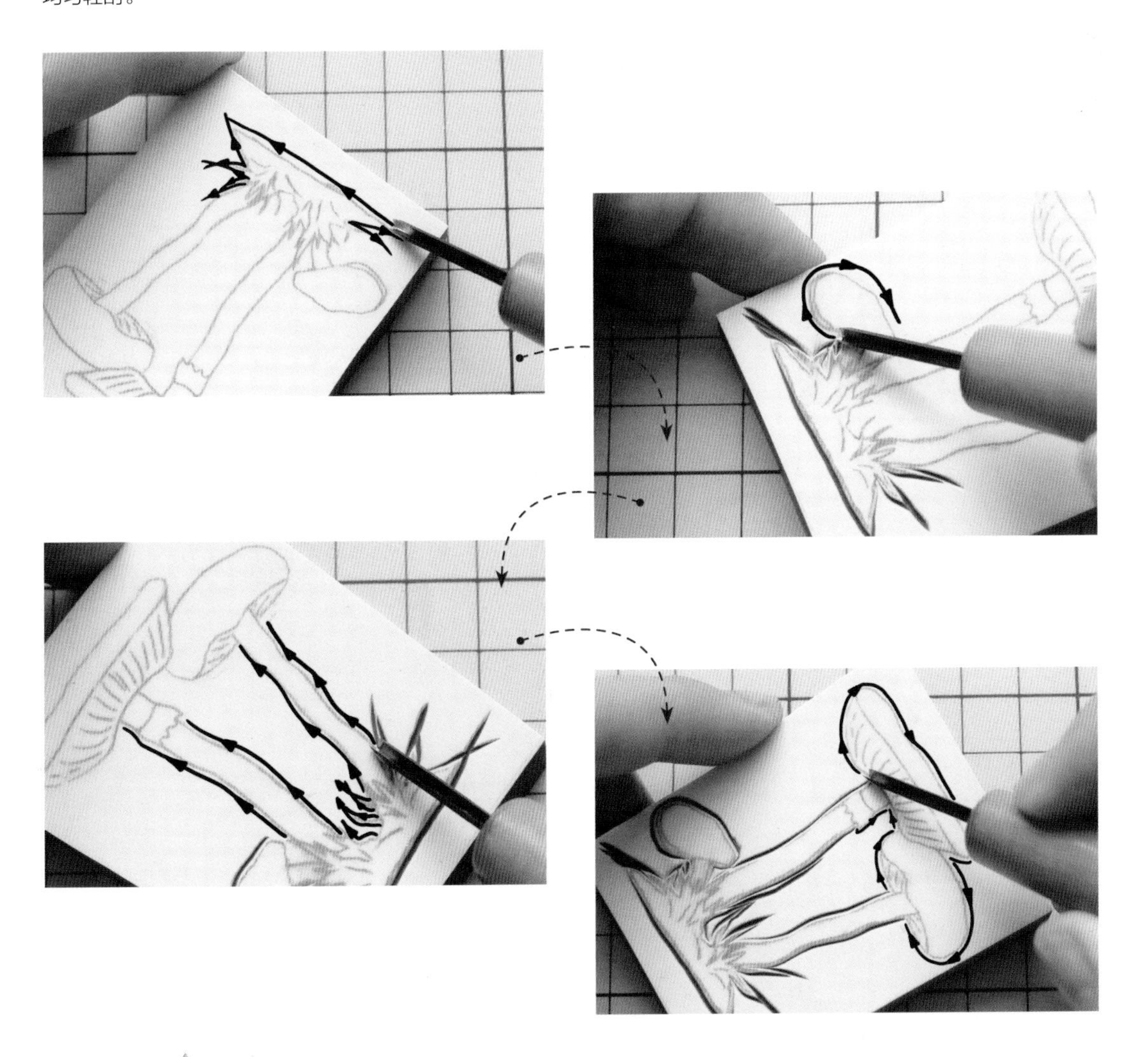

4 按照箭头所指的方向推刀，先将轮廓刻出来。起刀点大多是折角处，然后朝外推刀，这样可以避免刻过头而破坏需要保留的部分。

5 根据所画的线条刻出杂草的形状。推刀力度由深到浅，提刀后让刻痕自然形成尖尖的头部。

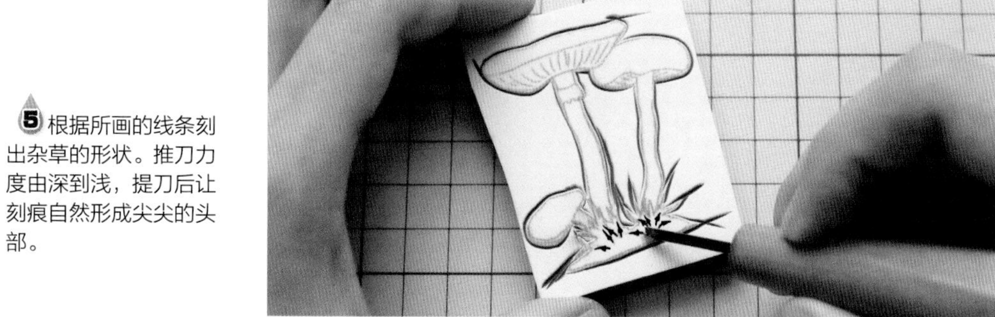

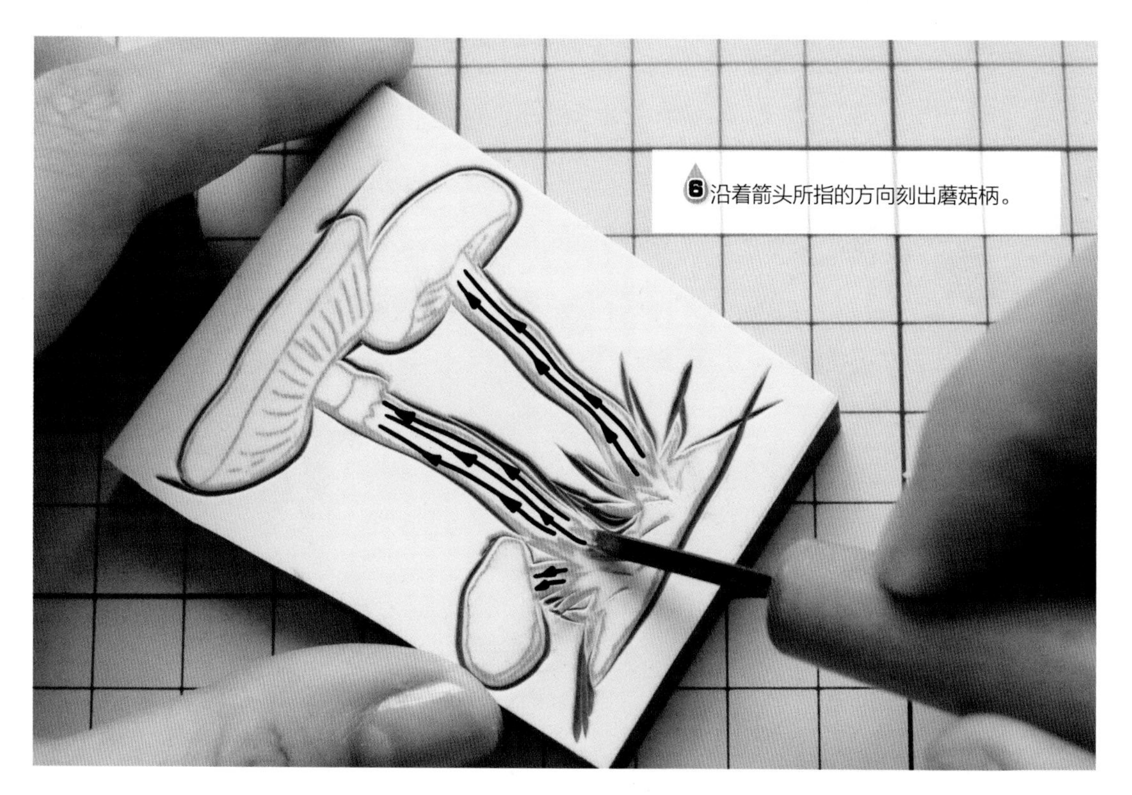

6 沿着箭头所指的方向刻出蘑菇柄。

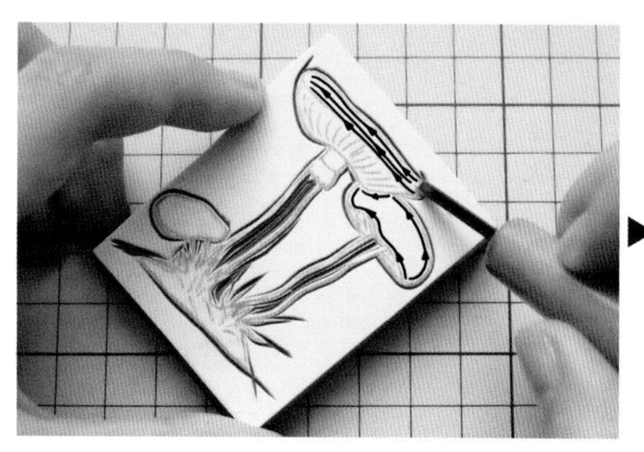

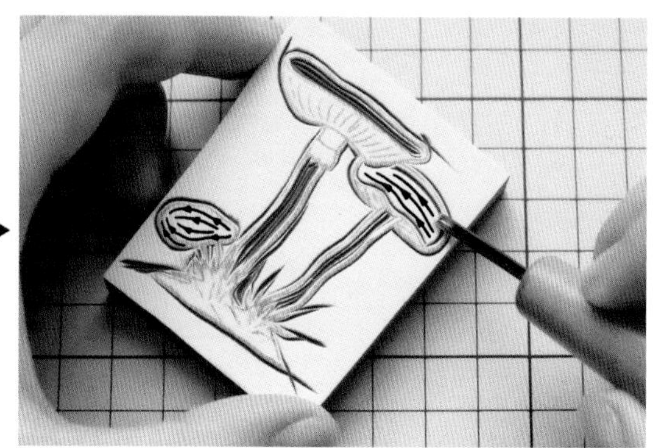

7 接下来将顶部挖空。

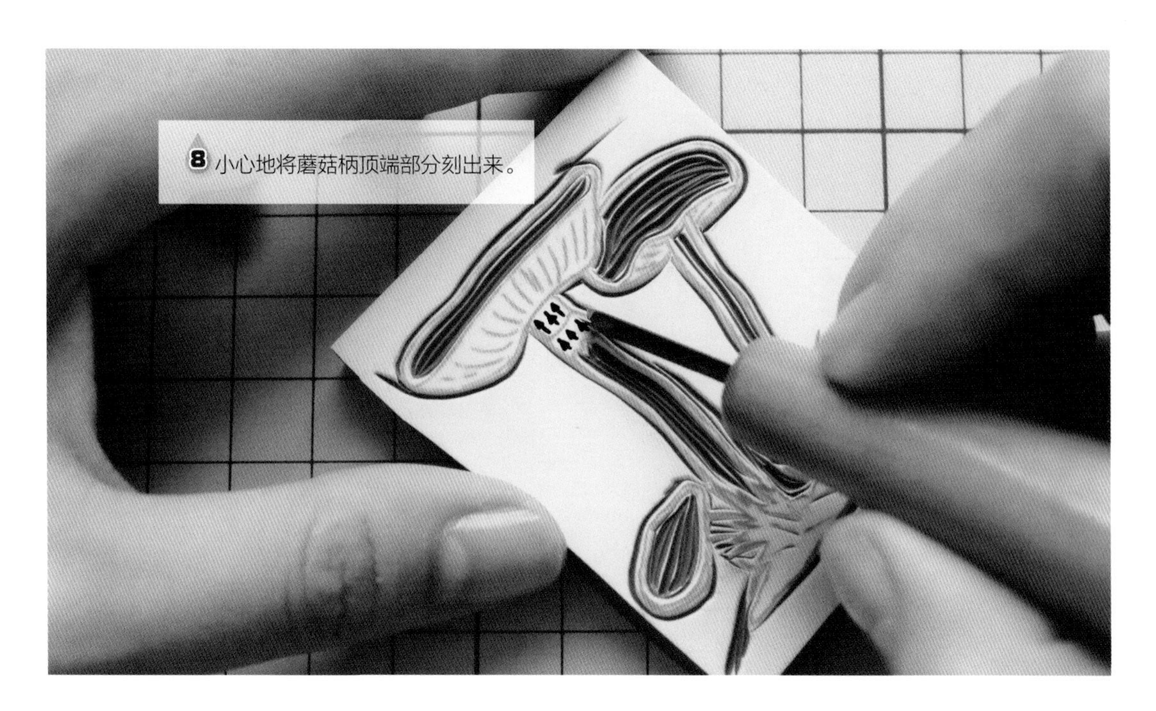

8 小心地将蘑菇柄顶端部分刻出来。

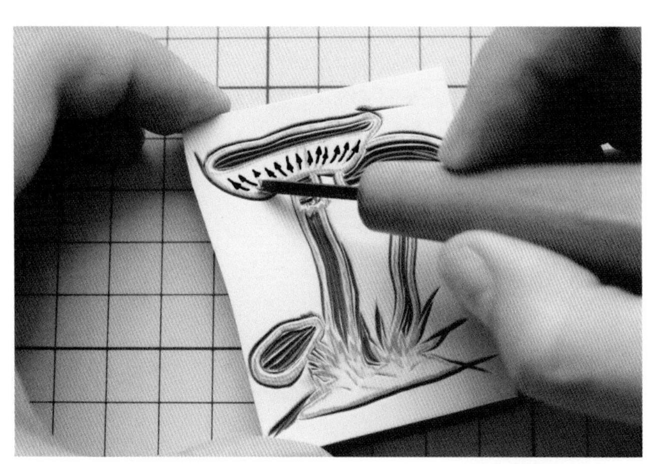

9 按照画好的线条，小心地刻出伞底下的纹路，注意控制力度，不要刻过头了。

10 挖出两个蘑菇之间的空白部分。用均匀的力度向同一个方向推刀，能让刻痕显得美观。

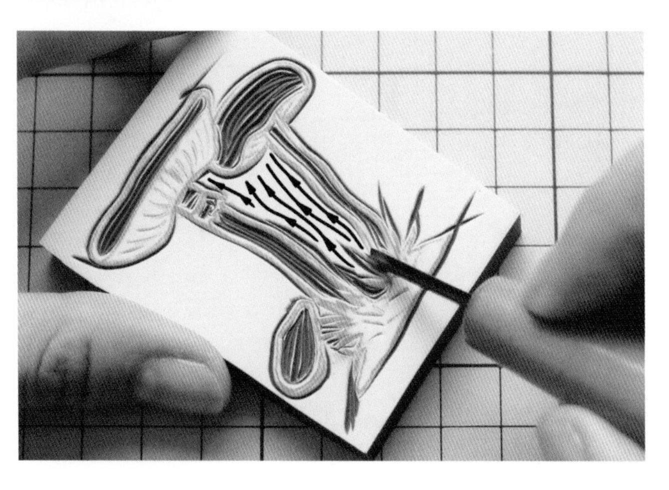

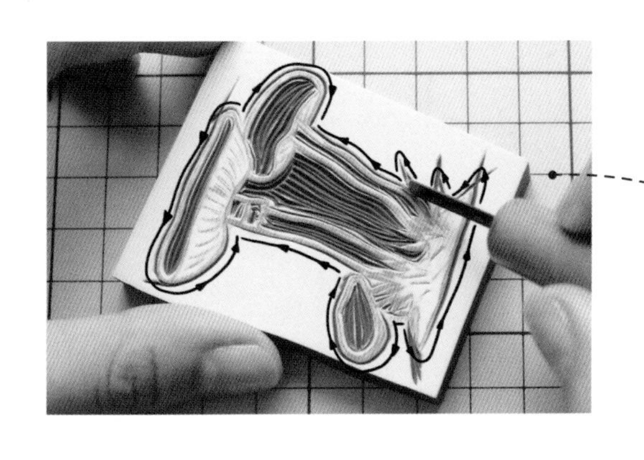

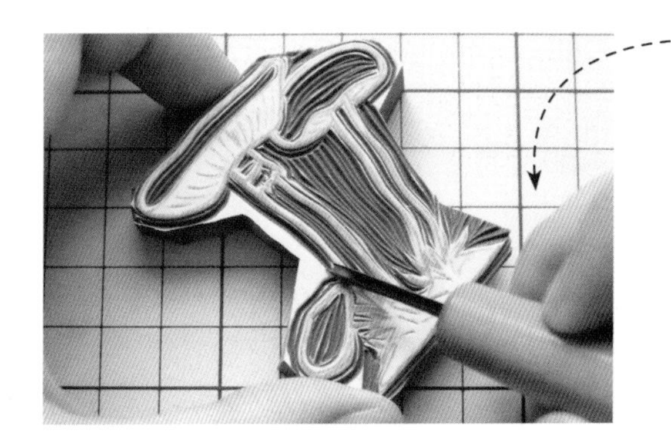

11 沿着轮廓线，再刻 1~2 次，刻出空白部分。用美工刀把外面的部分直接切除。美工刀无法切干净的部分，可以沿着轮廓线挖除。

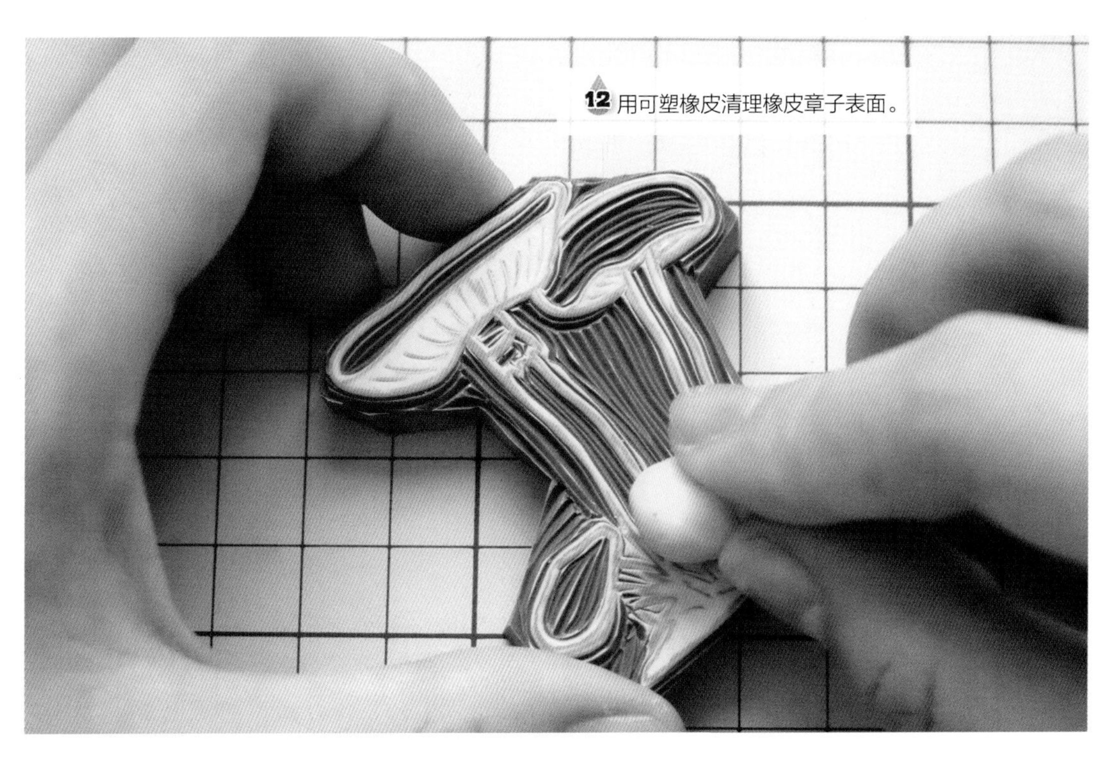

12 用可塑橡皮清理橡皮章子表面。

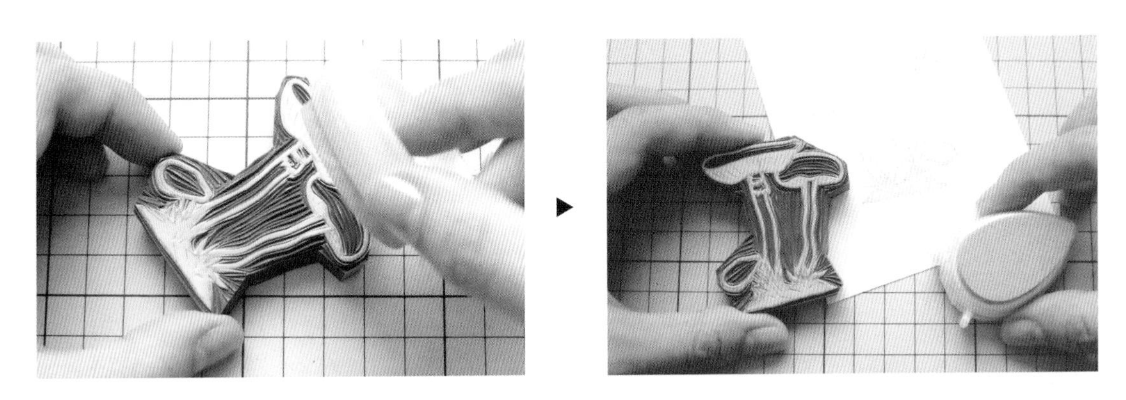

13 拍上浅色印泥试印，看看哪里有漏刻的，可以再补一下。如果周边有些毛躁细碎残留，建议不必完全铲干净，保留这种原始的美也不错。

14 拍上深色印泥，再盖印一次感受一下。盖印在刚刚盖印了浅色印泥的上方，有点 3D 的感觉。

15 这样，一个有木刻版画质感的蘑菇橡皮章子就完成了。

原图在本书 113 页

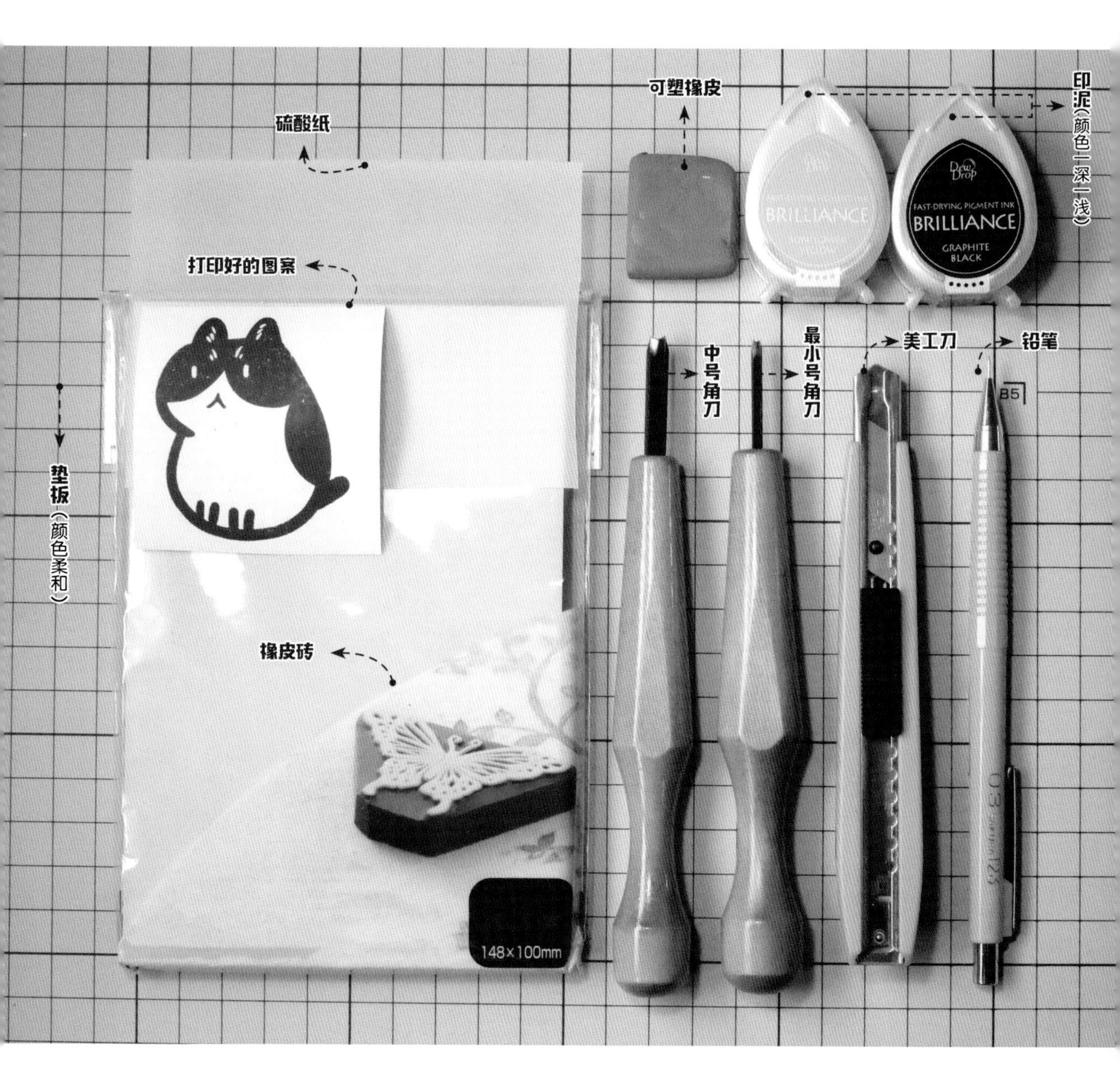
硫酸纸
打印好的图案
垫板（颜色柔和）
橡皮砖
可塑橡皮
印泥（颜色一深一浅）
BRILLIANCE
FAST-DRYING PIGMENT INK
BRILLIANCE
GRAPHITE BLACK
中号角刀
最小号角刀
美工刀
铅笔
148×100mm

# 毛绒猫

1 描图。虽然这次要刻出毛茸茸的质感，但描图时只需要描出粗线条。将描好图案的硫酸纸反过来覆盖在橡皮砖表面，用指甲轻刮使图均匀转印在上面。

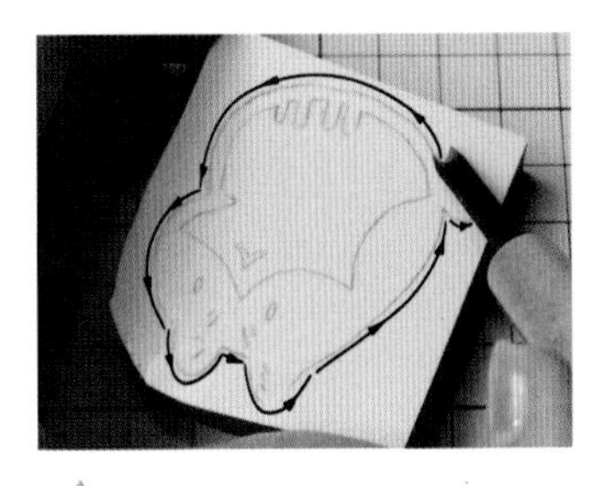

2 用中号角刀刻出外轮廓。由于线条后期还要修改成毛茸茸的状态，所以这时候不用过于小心，轻松下刀即可。

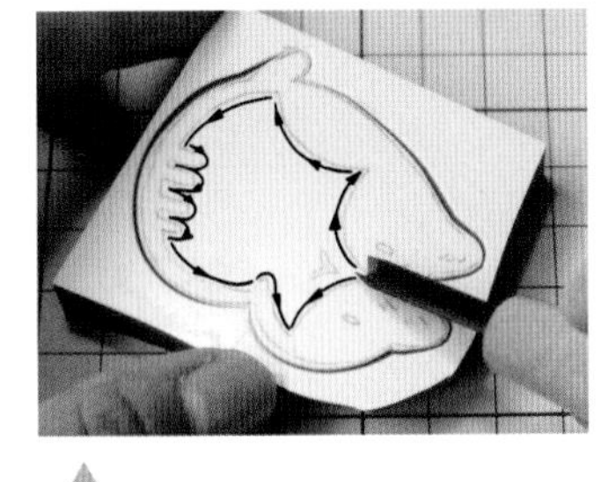

3 刻出内轮廓。

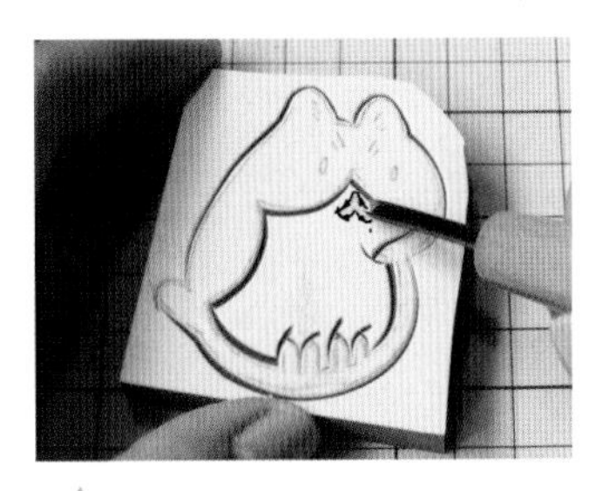

4 小心刻出嘴巴的线条，如果觉得中号角刀过大不好操控，可以改用小号角刀。

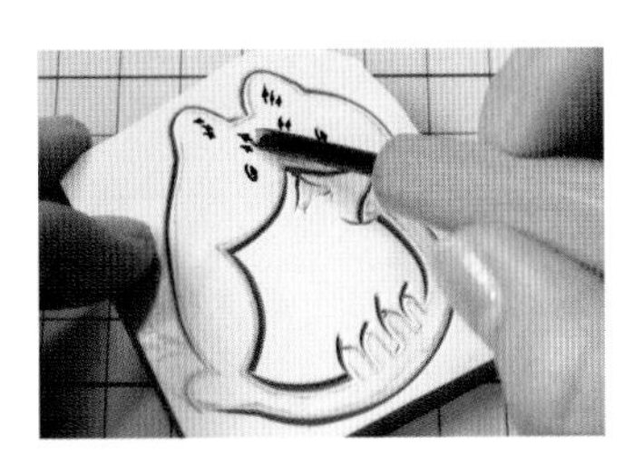

5 轻轻刻出眼睛、眉毛和耳朵的线条。

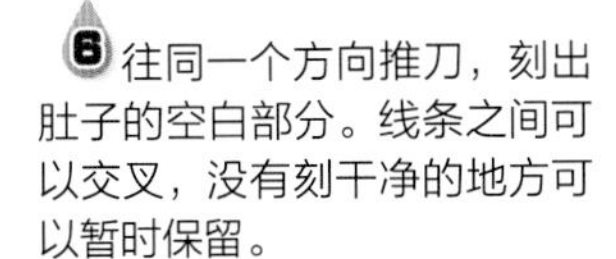

6 往同一个方向推刀，刻出肚子的空白部分。线条之间可以交叉，没有刻干净的地方可以暂时保留。

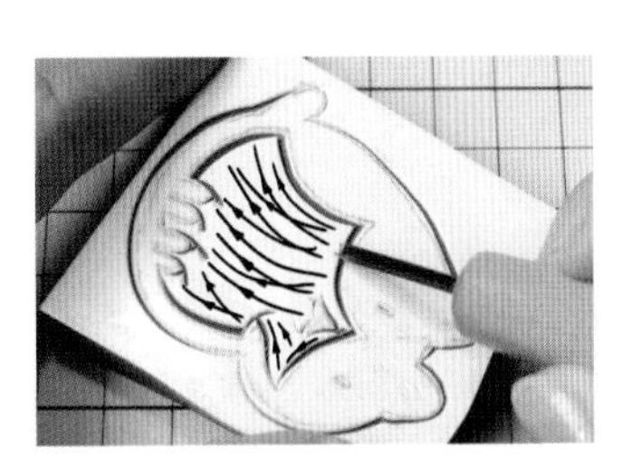

7 接下来换成最小号角刀，开始刻毛茸茸感。为了方便大家看清，这里将推刀示意图和刻完后的效果图放在一起展示。从猫脸内部往外一点一点刻出脸的毛茸茸感，注意毛的走向是偏下的。

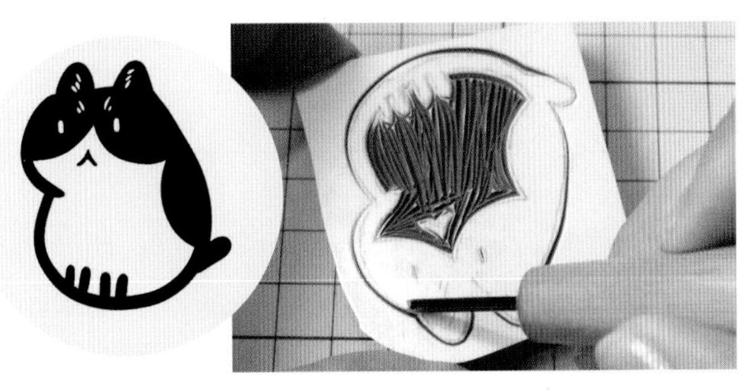

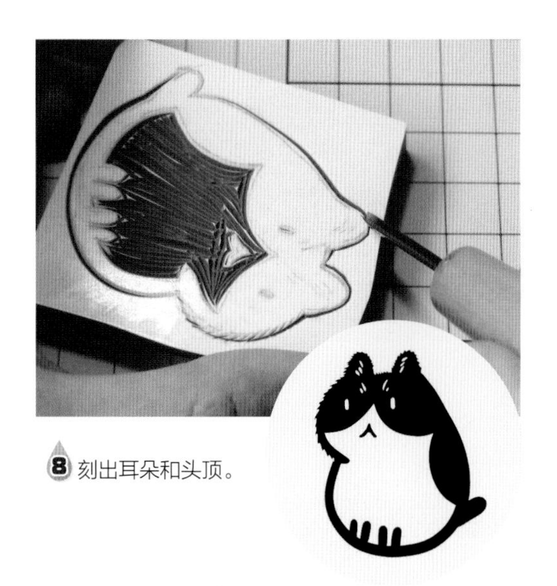

8 刻出耳朵和头顶。

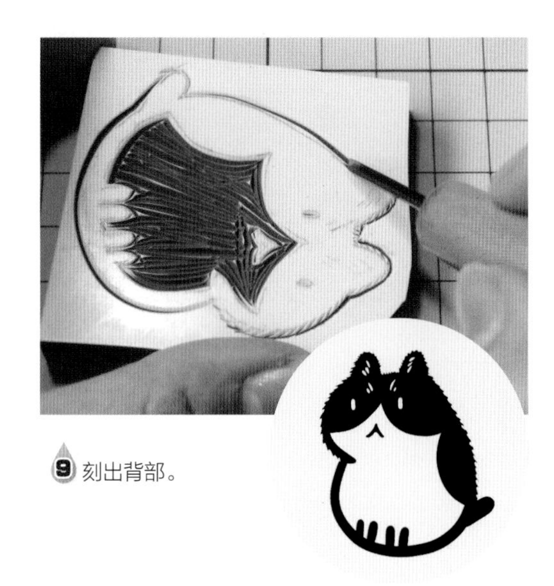

9 刻出背部。

10 刻出底部。

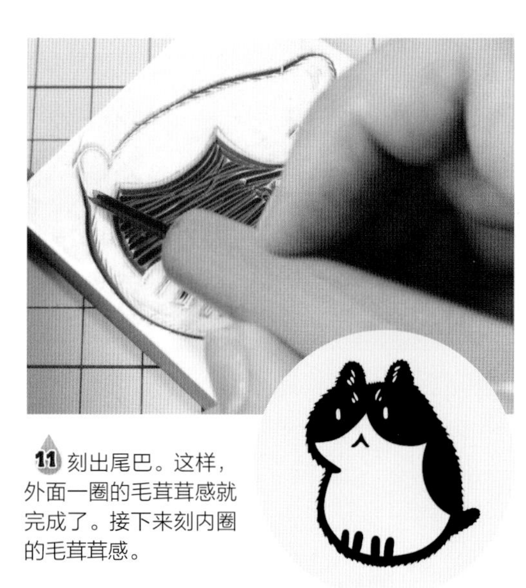

11 刻出尾巴。这样，外面一圈的毛茸茸感就完成了。接下来刻内圈的毛茸茸感。

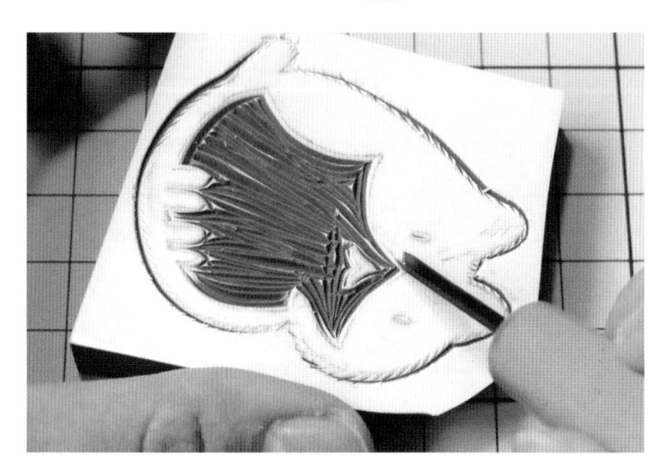

12 先刻脸下方。

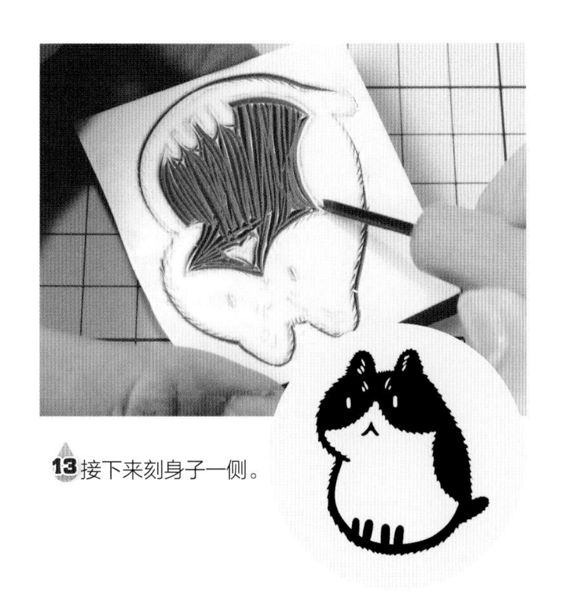

13 接下来刻身子一侧。

14 最后刻身子下方和腿部。这样，所有的毛茸茸感都刻完了。需要注意的是毛的走向，推刀的方向都是从内向外。

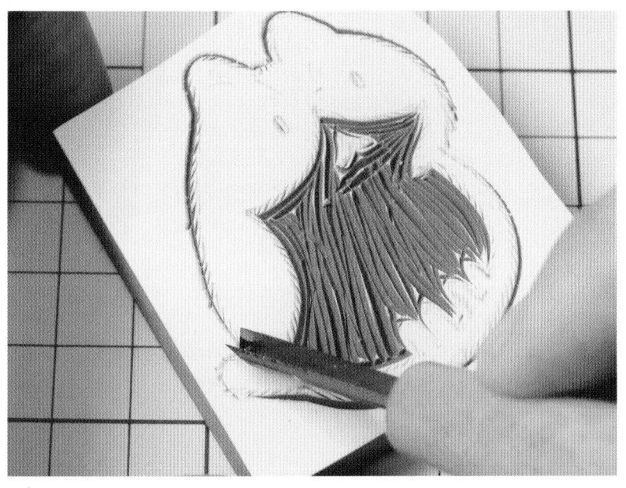

15 刻掉外部多余的部分，再用美工刀切除不需要的部分。

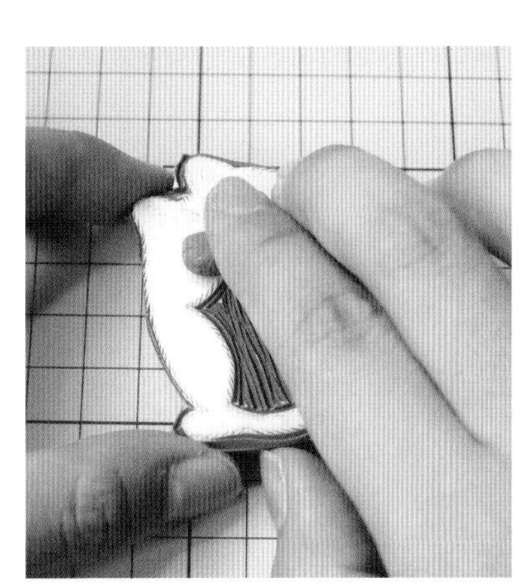

16 用可塑橡皮清除掉铅笔印。

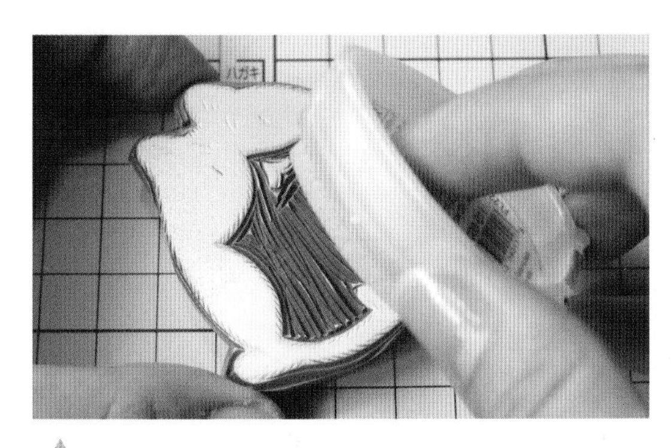

17 拍上浅色印泥。

18 试印，可以看到肚皮内侧残留的线条不太美观。

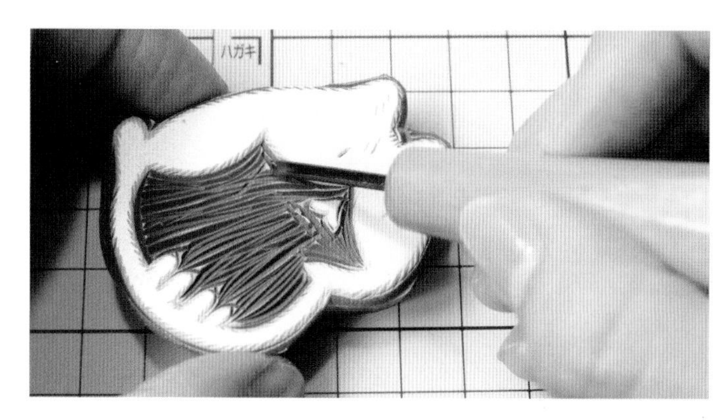


19 补刻几刀。不需要把所有的空白部分挖干净，将线条修得短一些，看上去自然一些即可。

20 拍上深色印泥。

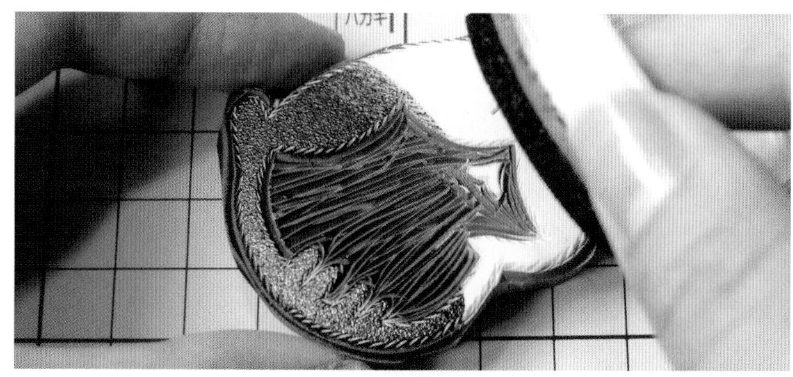

21 这样就完成了！毛茸茸感和光滑质感对比，是不是毛茸茸感别有一番风味呢？

原图在本书112页

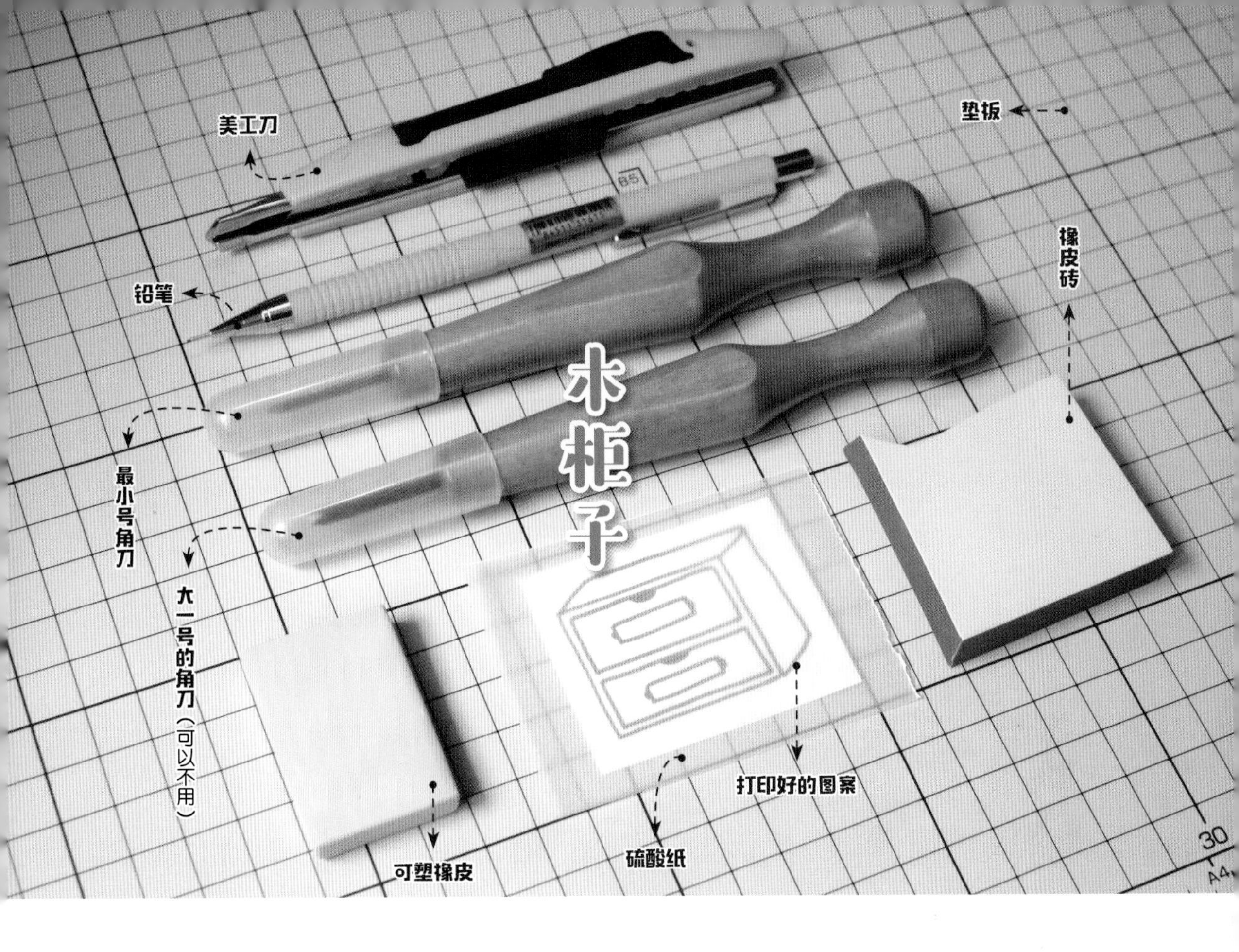


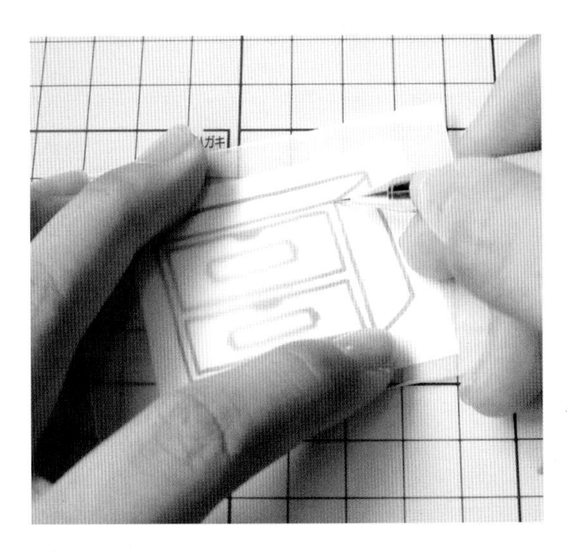

1 将硫酸纸盖在打印好的图案上，用铅笔照着描一遍，不用很精细，线条过细的话可以加粗再描一遍。

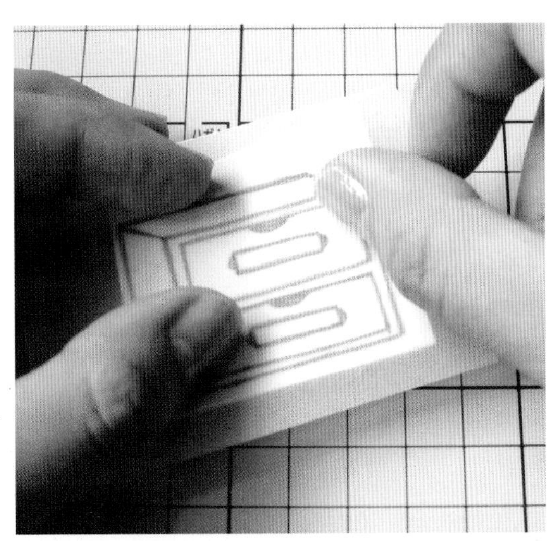

2 将描完图案的硫酸纸反过来盖在橡皮砖上，按住不要移动（怕移动的话可以用纸胶带固定边缘），用指甲轻轻均匀刮硫酸纸，使铅笔印清晰转印到橡皮砖表面。

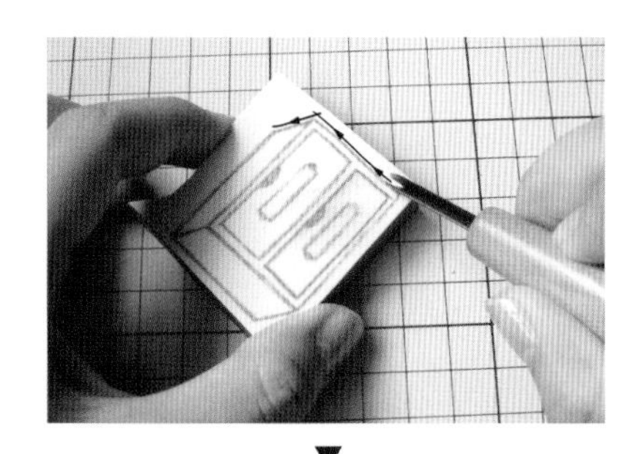

▼

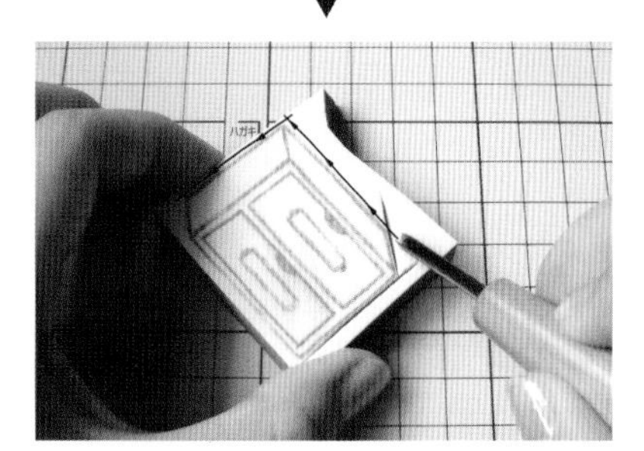


▼

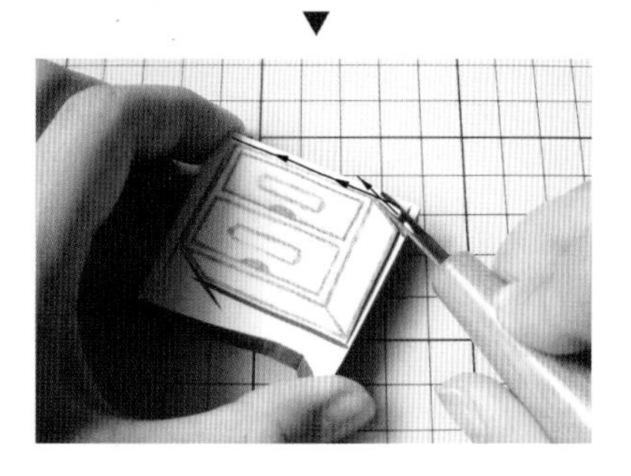

❸ 按照图中示意的方向推刀，将外轮廓刻出来。注意刀尖要与线条保持一定距离，确保下刀后靠内侧的刀刃正好在线条边缘。

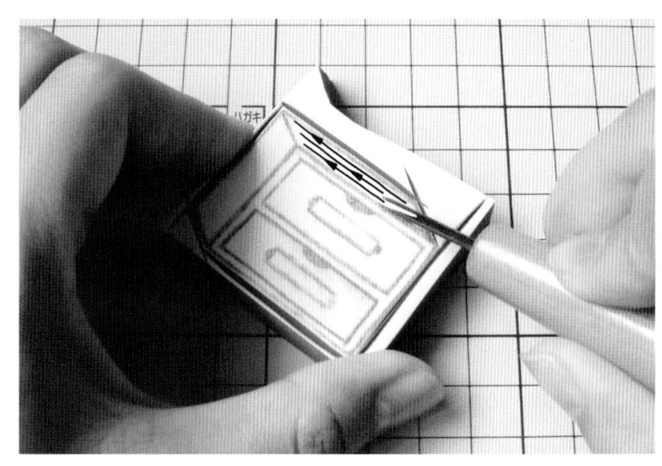


❹ 沿着图示的方向刻出柜子顶端，注意推刀方向按柜子的横向，纵向不要推刀。

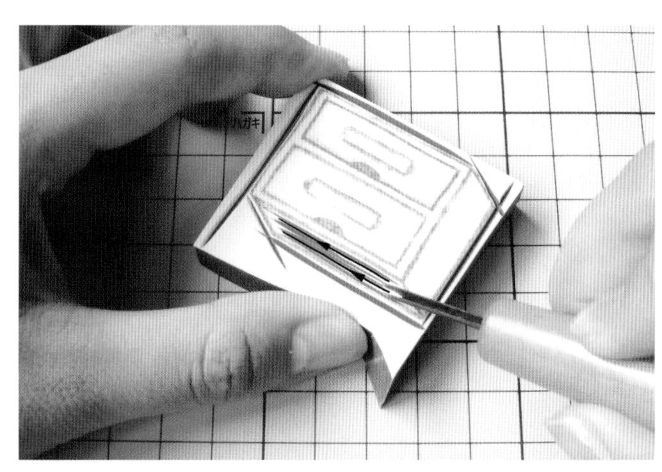


❺ 换一个方向再推刀，这样基本上能做到中间部分空白，而两侧会留下锯齿状刻痕。

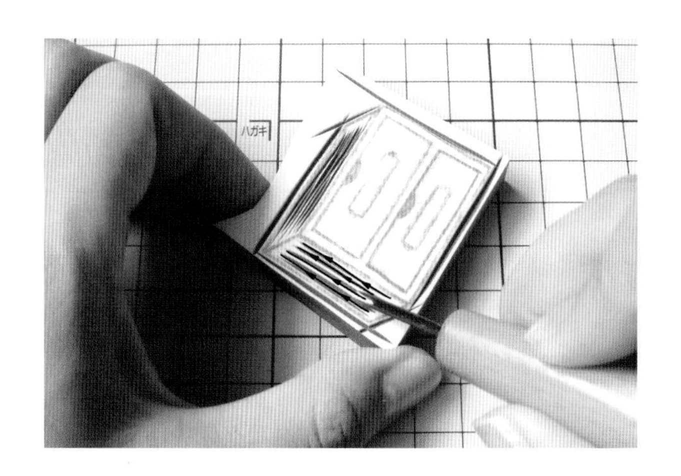


❻ 接下来刻柜子侧面，柜子侧面的木纹是纵向的，所以要按照图中所示方向推刀，不要横向推刀。一侧刻完之后从相反方向再刻一次。

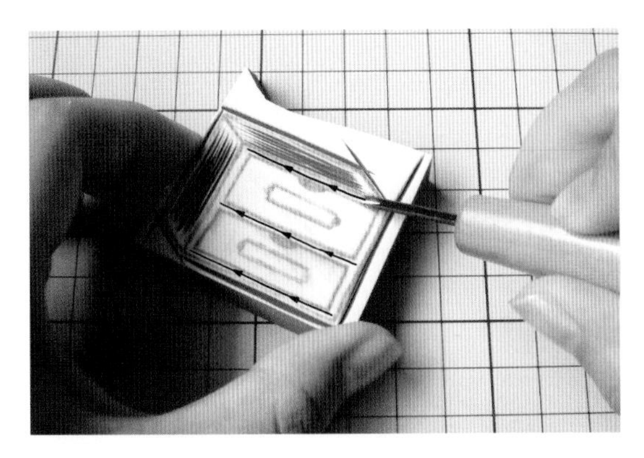

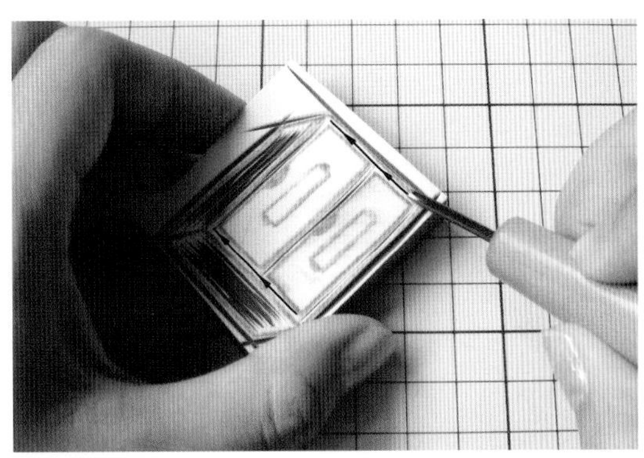

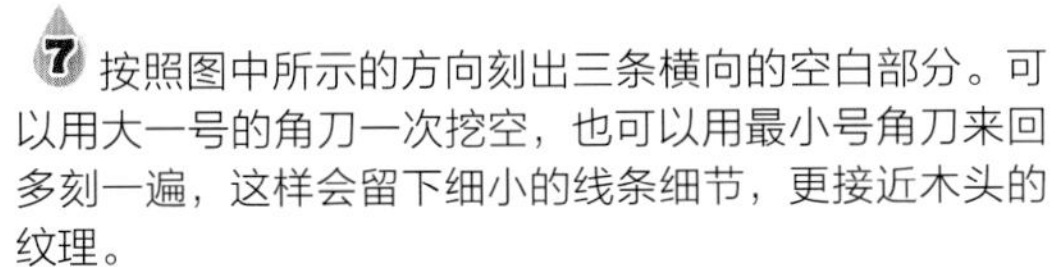

7 按照图中所示的方向刻出三条横向的空白部分。可以用大一号的角刀一次挖空，也可以用最小号角刀来回多刻一遍，这样会留下细小的线条细节，更接近木头的纹理。

8 按照图中所示的方向刻出纵向的两处空白。和第 7 步一样，可以根据自己的喜好选用不同型号的角刀雕刻。

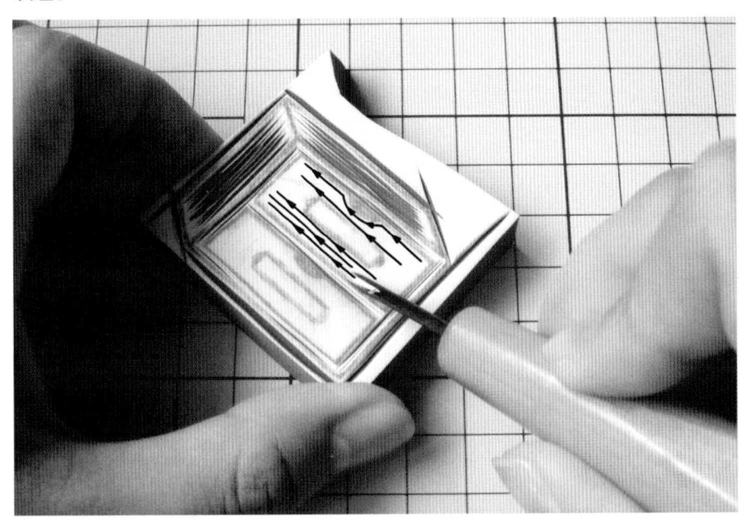

9 刻抽屉部分，按照图中所示的方向推刀，上方曲线处，可以在左手转动橡皮砖的帮助下刻出。

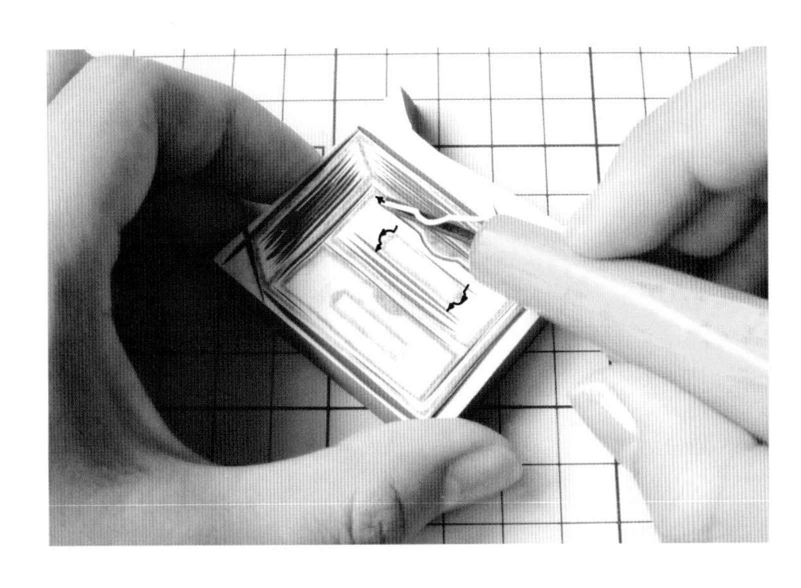

10 按照图中所示的方向刻出标签两侧，注意只有标签两侧的推刀方向是纵向的，其他部分的推刀方向都是横向的。

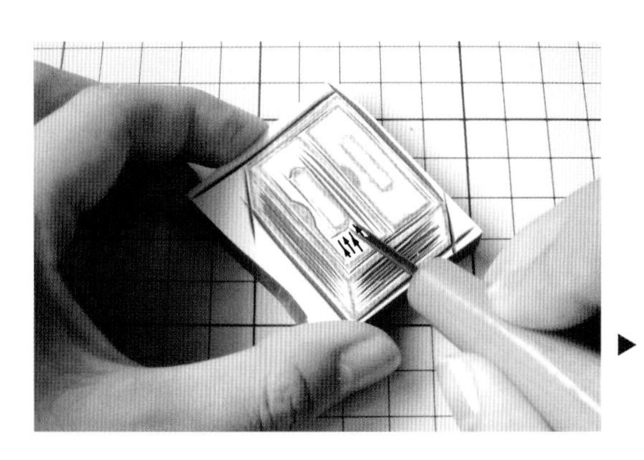

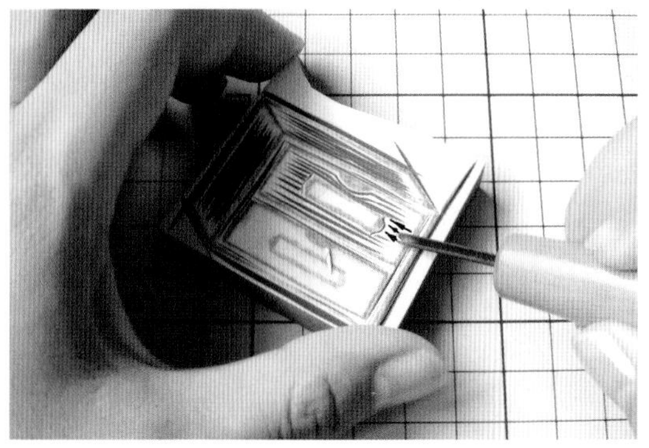

11 从外往内按照图中所示的方向推刀刻出空白部分。

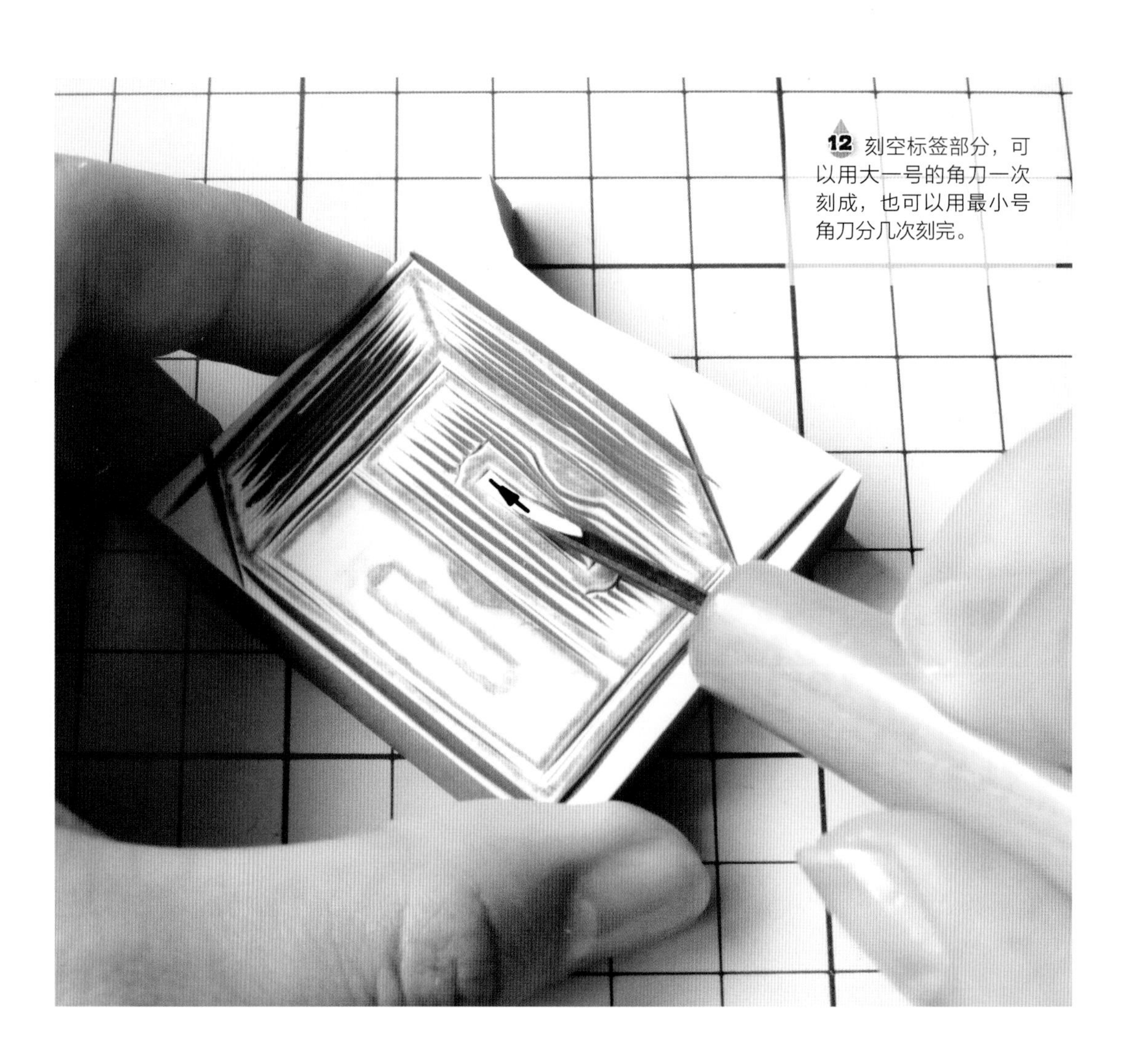

12 刻空标签部分，可以用大一号的角刀一次刻成，也可以用最小号角刀分几次刻完。

13 如果空白部分没有刻光，可以多刻几次，注意推刀方向要始终保持一致。

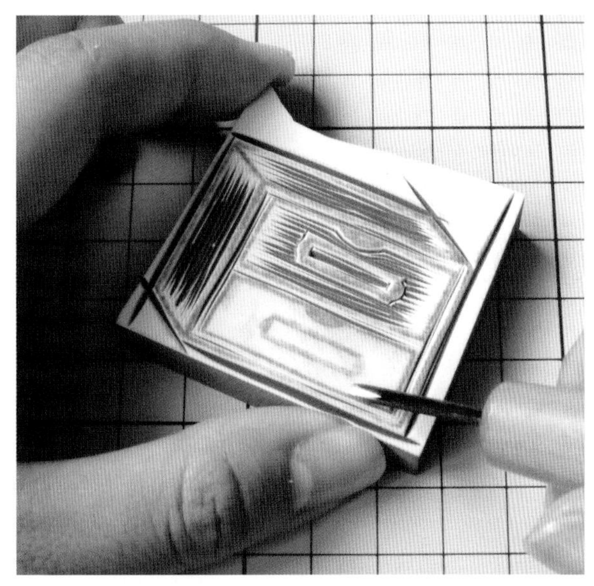

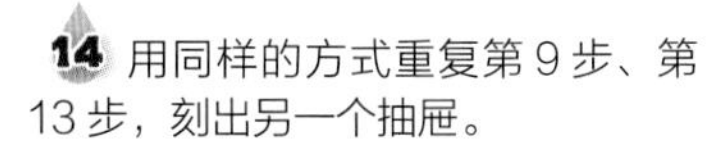

14 用同样的方式重复第 9 步、第 13 步，刻出另一个抽屉。

15 用美工刀切除不需要的部分。

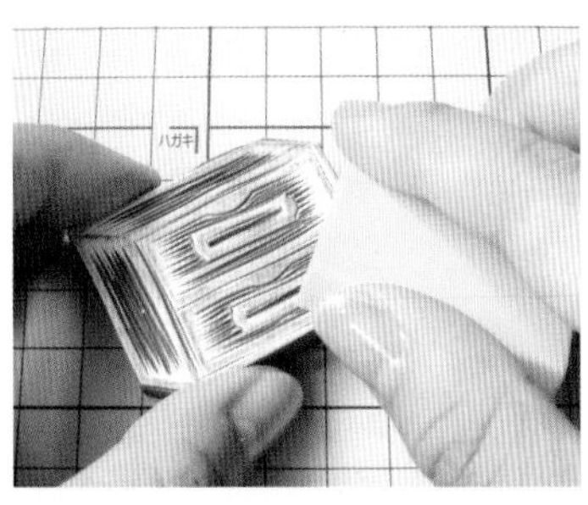

16 用可塑橡皮清除表面的铅笔印。

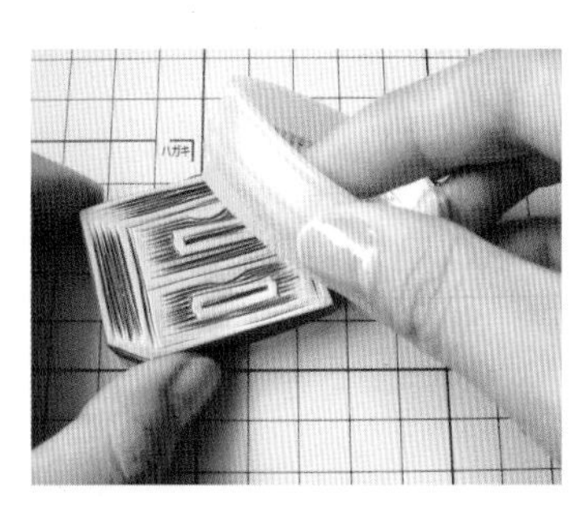

17 均匀拍上浅色印泥，试印。

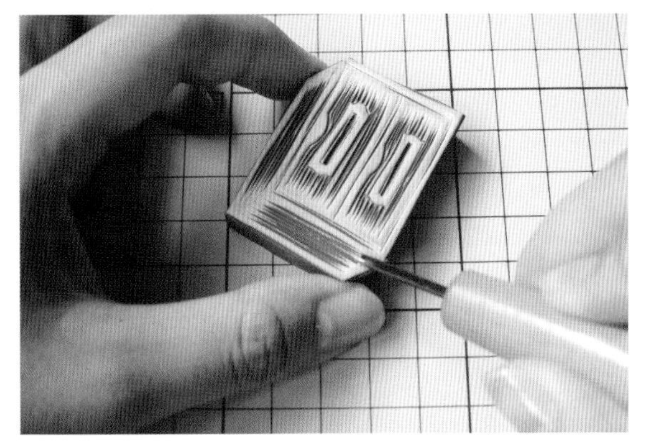

**18** 发现细节不够完美的话，可以再补刻，注意推刀方向要和原先的保持一致。

**19** 均匀拍上深色印泥。

**20** 对比一下原图和雕刻完的效果图，是不是角刀的痕迹让原图有了完全不一样的感觉呢？木质的纹理、自然的细节，不仅让橡皮章子有了手工的温度，更有一种版画的质感。

原图在本书 113 页

# 一瓶乌梅

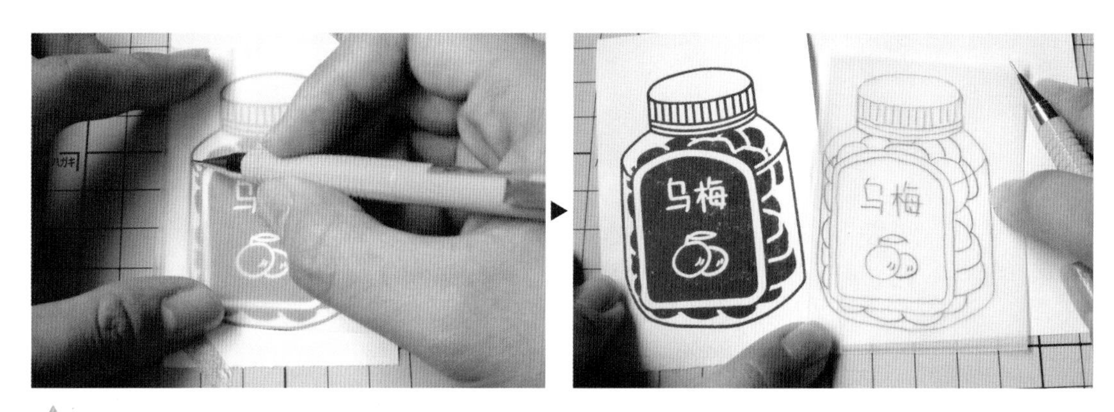


1 将硫酸纸盖在原图上，用铅笔描图，把线条大致描出来即可。

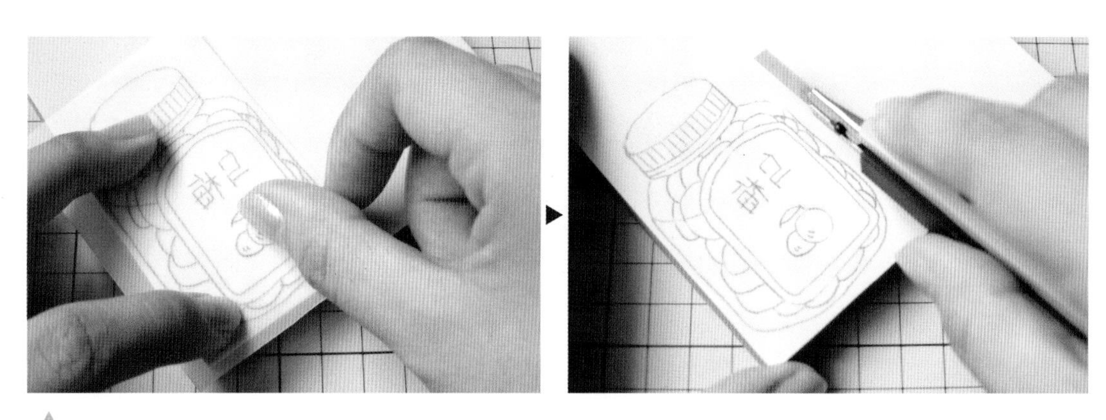

2 把硫酸纸反过来盖在橡皮砖表面，用指甲盖均匀刮压，使图案完全转印到橡皮砖上。用美工刀切下需要的部分。

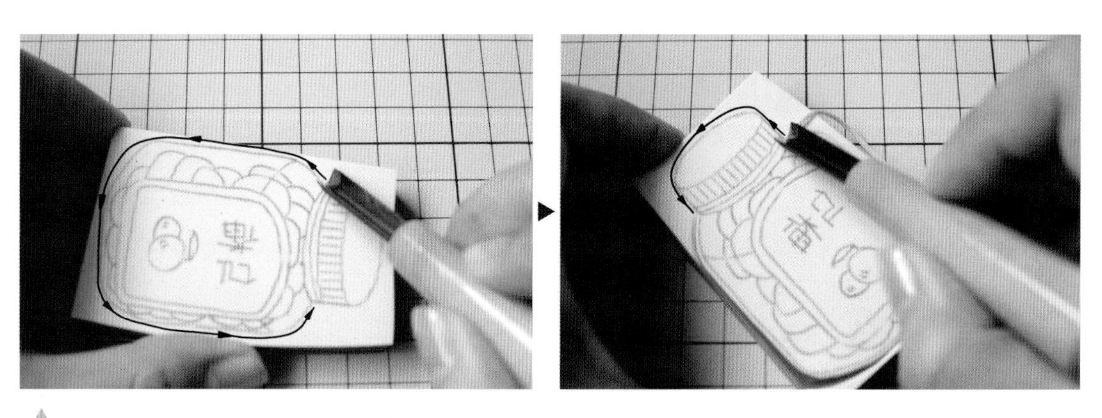

3 用大一号的角刀沿着箭头所指的方向将外轮廓刻出来。

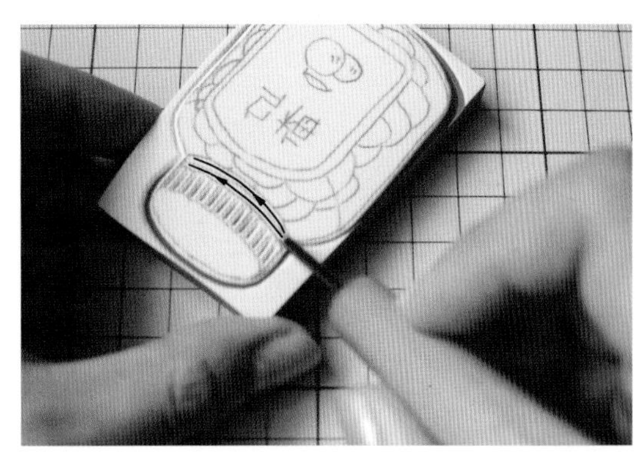

4 换成小号角刀，沿着图中所示的方向并列刻出瓶盖纹路。

5 继续按照图中所示的方向刻出瓶颈，瓶颈的两条曲线不要交叉，差不多平行。

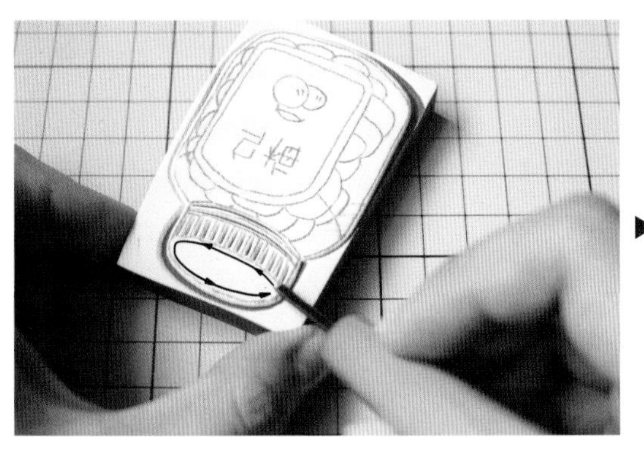

6 雕刻瓶盖顶部，先刻一圈外围，再将内部挖空，挖空部分的线条可以呈锥形排列。

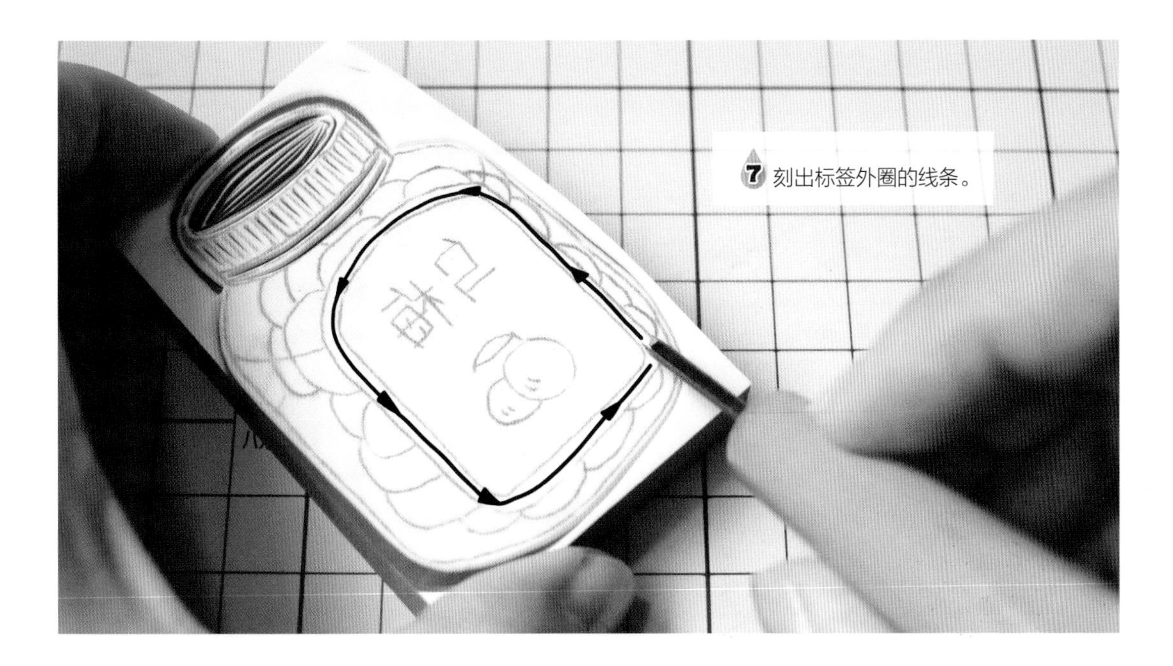

7 刻出标签外圈的线条。

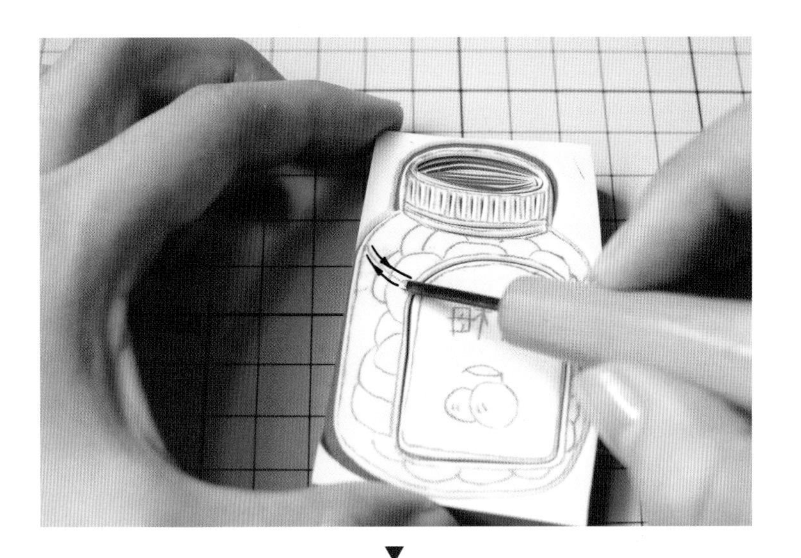

▼

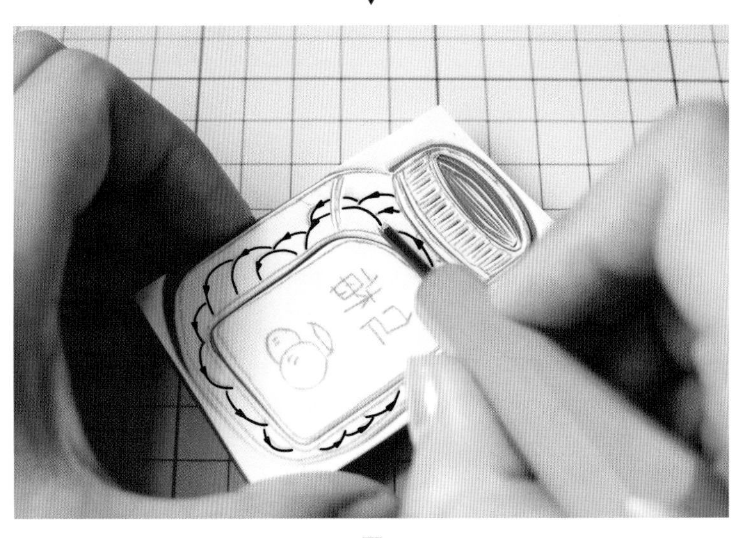

▼

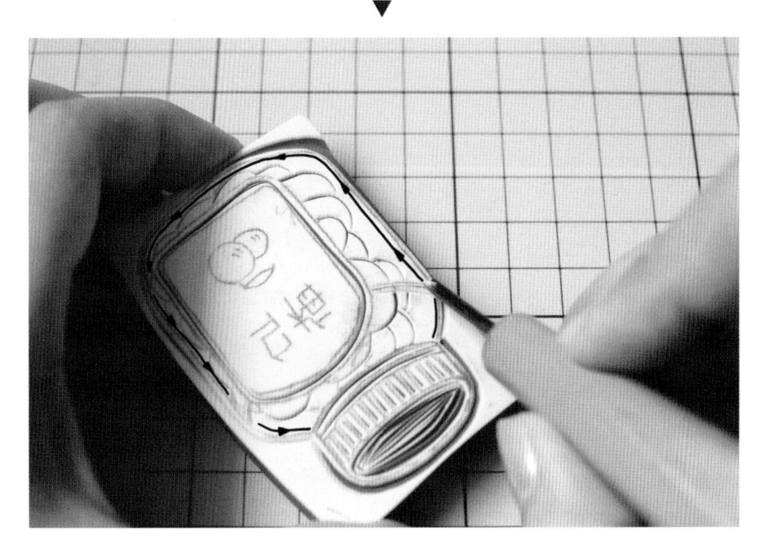

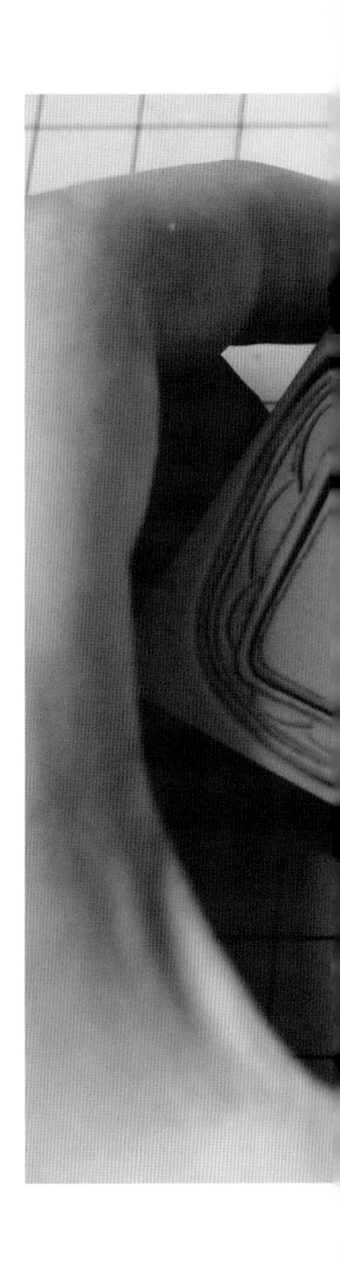

**8** 沿着图中所示的方向刻出瓶子内部和乌梅的轮廓。

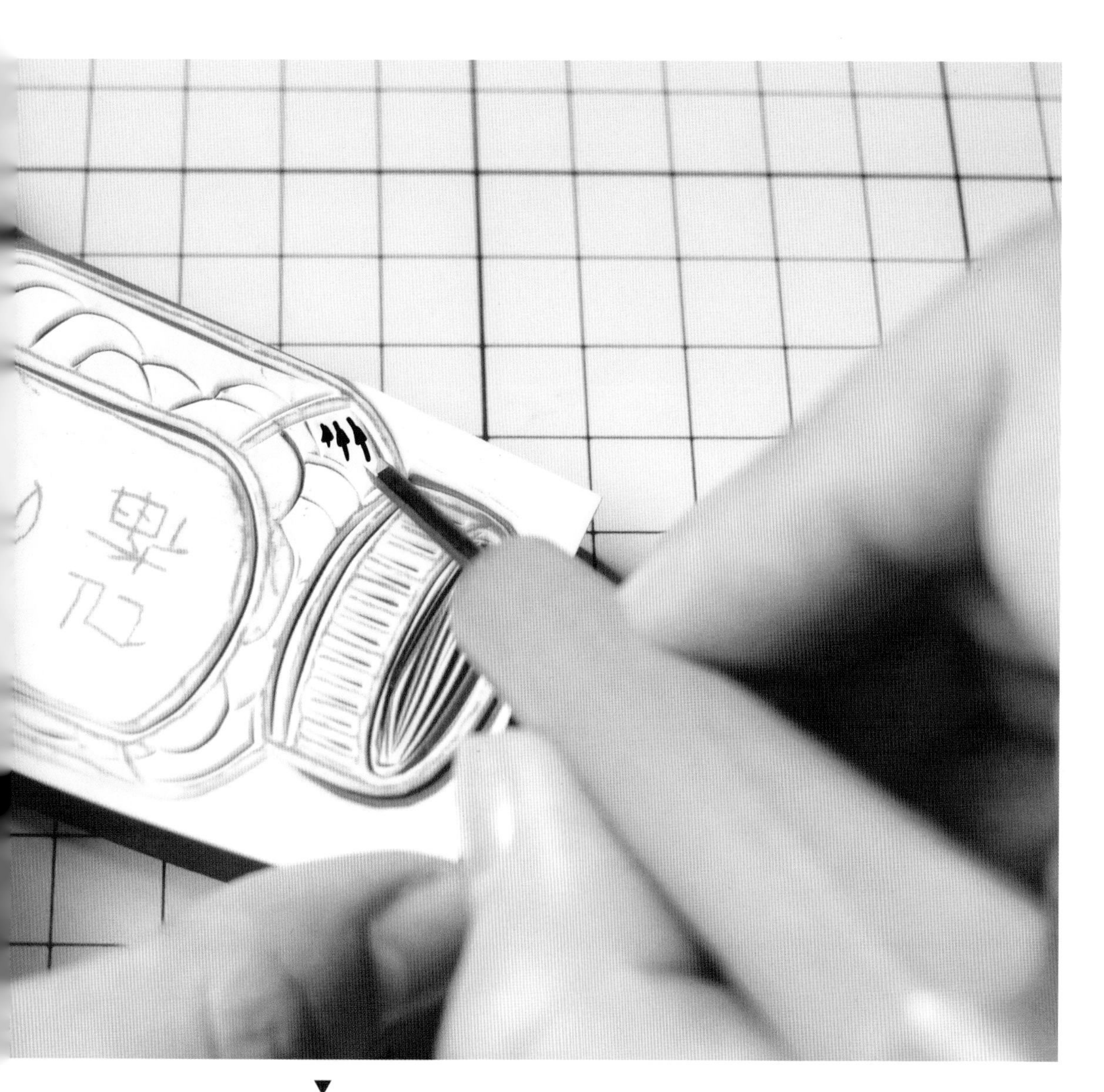

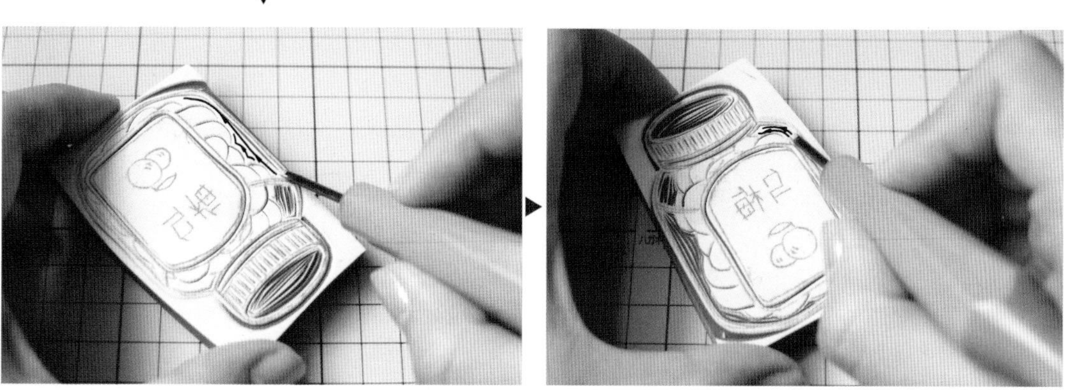

9 将瓶子内部挖空。

10 刻出“乌梅”这两个字，注意下刀的力度保持一致，这样字的线条会比较统一。

11 刻出梅子的线条。这种刻空文字和线条图案，保留大色块的雕刻方式叫作“阴刻”，相对而言，将周围挖空、保留乌梅和瓶子线条的雕刻方式，叫作“阳刻”。

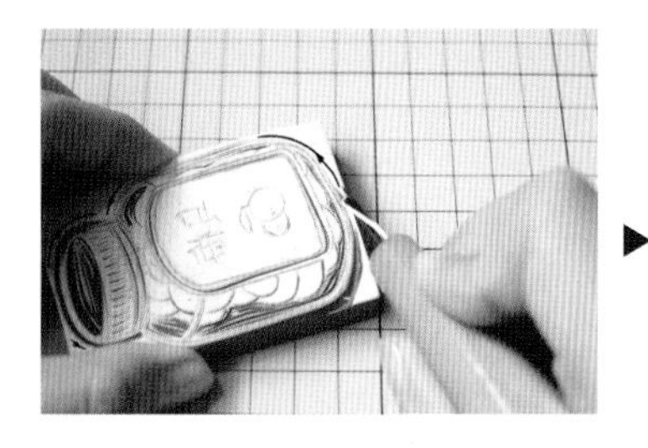

▶

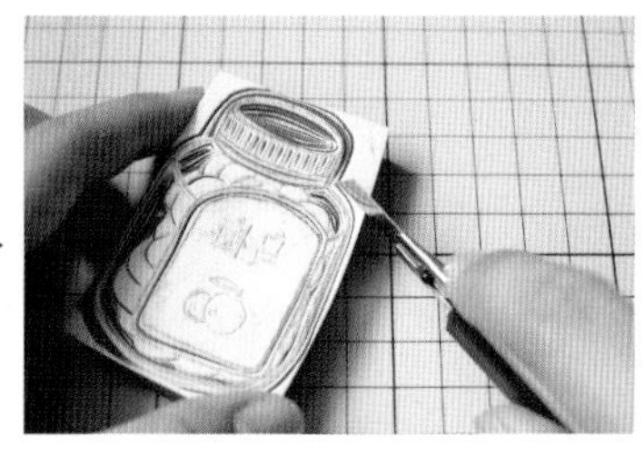

12 再用角刀沿着图案外围多刻几圈，这样会留下很自然的细碎线条。用美工刀切除多余部分。

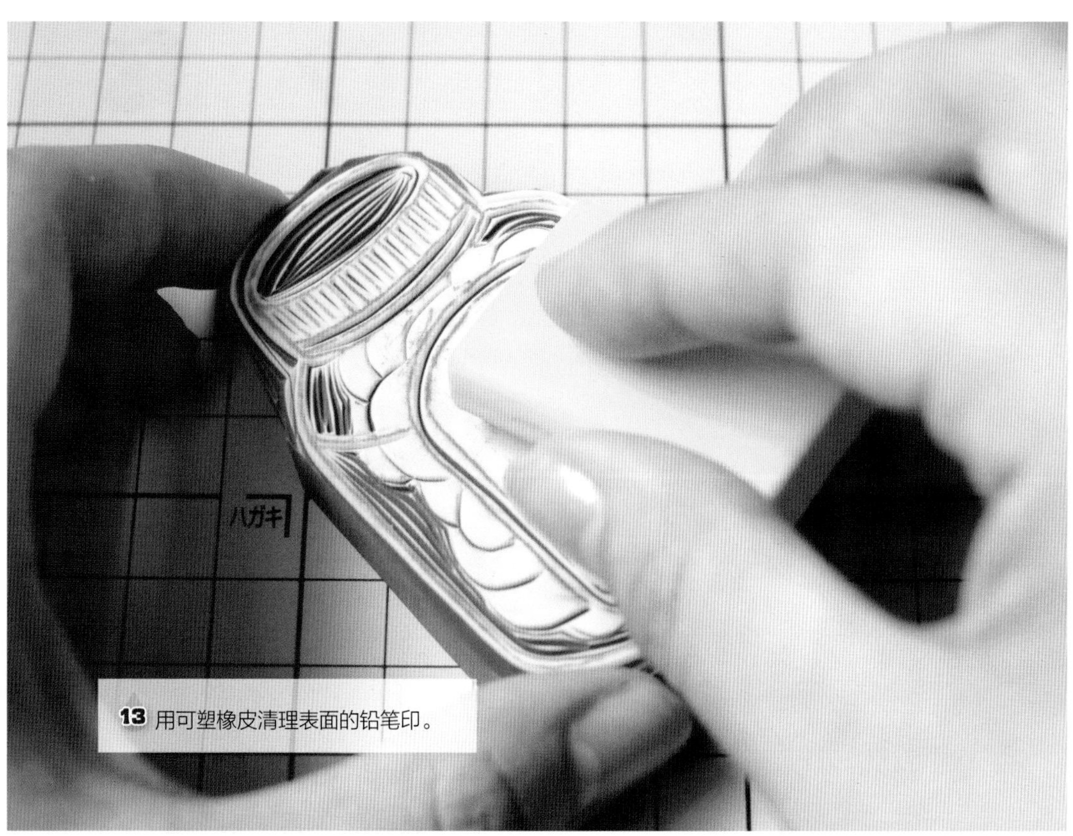


13 用可塑橡皮清理表面的铅笔印。

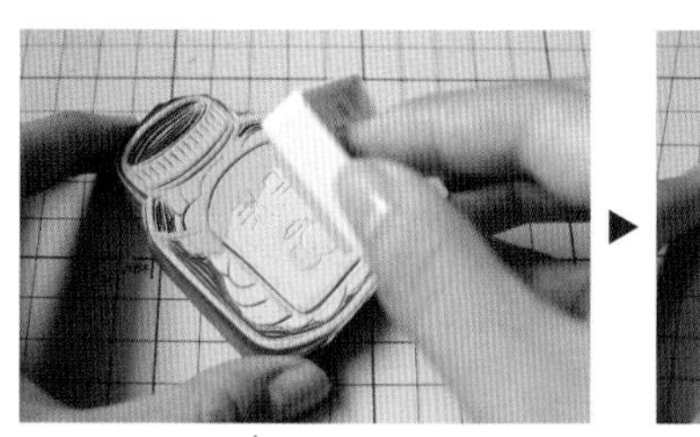

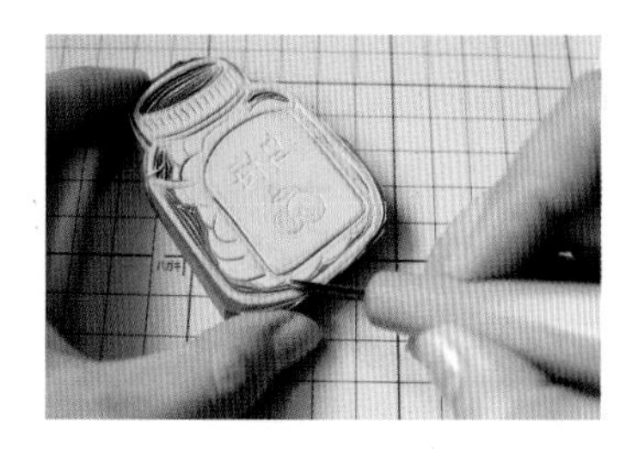

**14** 用浅色印泥均匀拍在章子表面，在纸上试印。

**15** 根据刚刚试印的效果补刻细节。

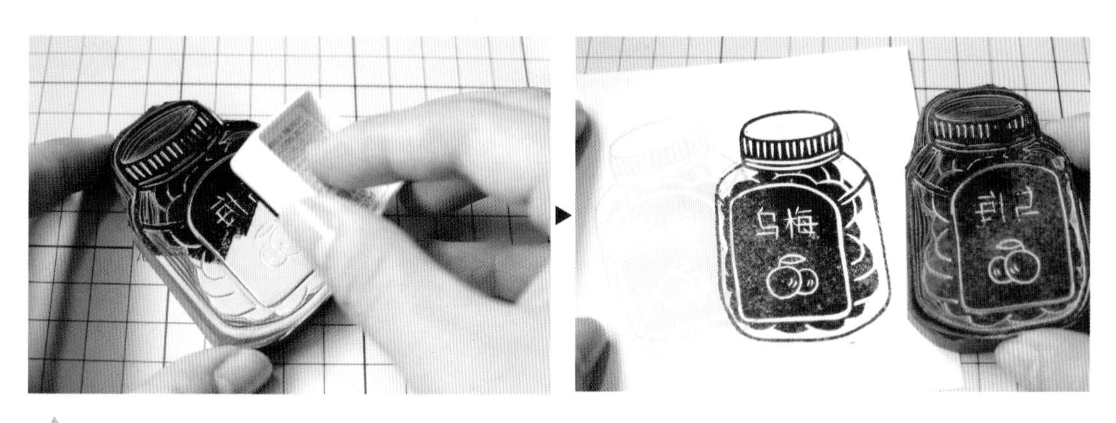


**16** 均匀拍上深色印泥，再印一次，作品便完成了。

原图在本书 113 页

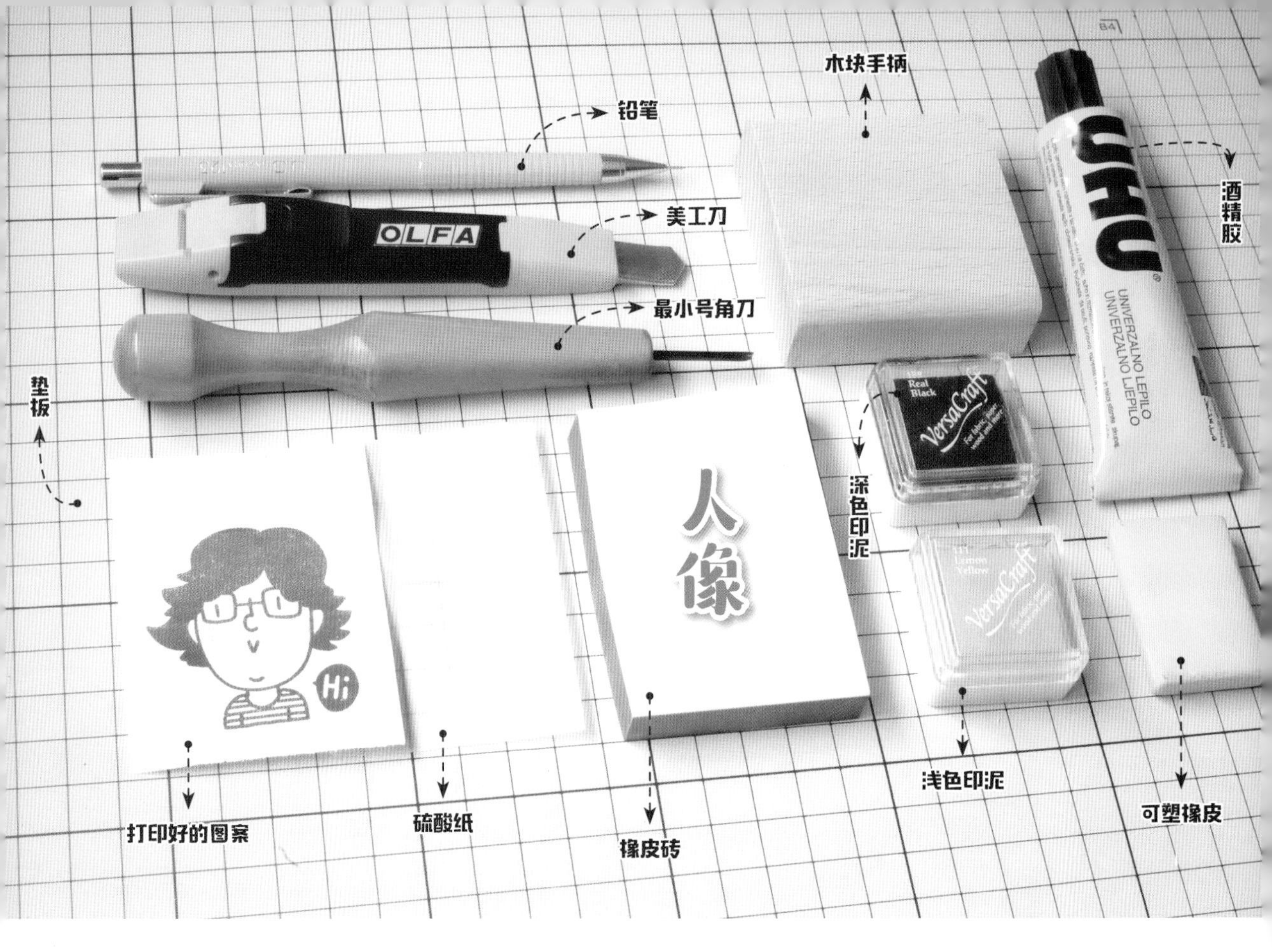

**1** 将硫酸纸盖在原图上，用铅笔描图，腮红部分画两个圈即可。将描好图案的硫酸纸反过来固定在橡皮砖表面，用指甲轻刮，将图案完整转印在橡皮砖表面。

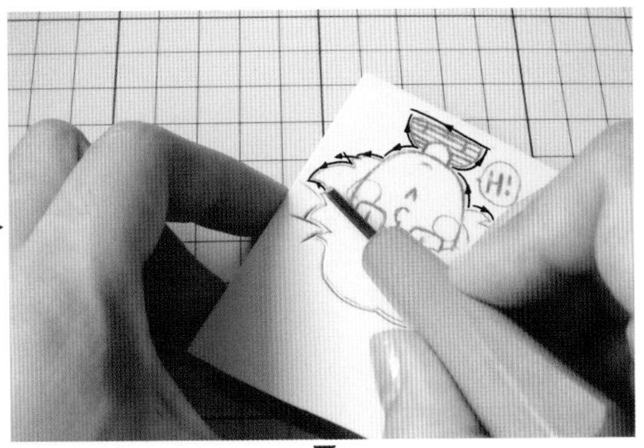

2 沿着图中所示的方向刻出外轮廓，跟着箭头从尖处向外刻，这样不容易把图案内部刻坏。

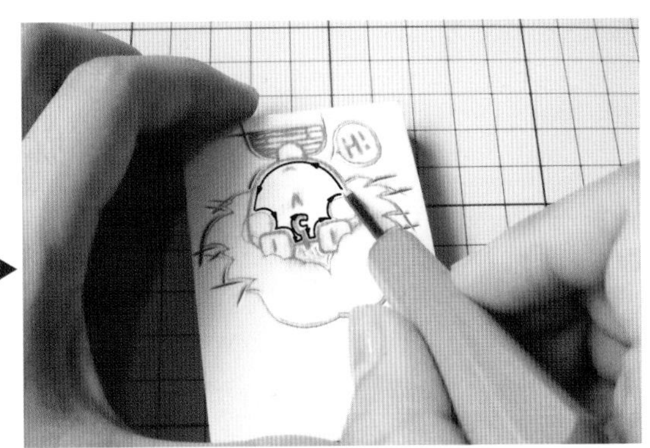

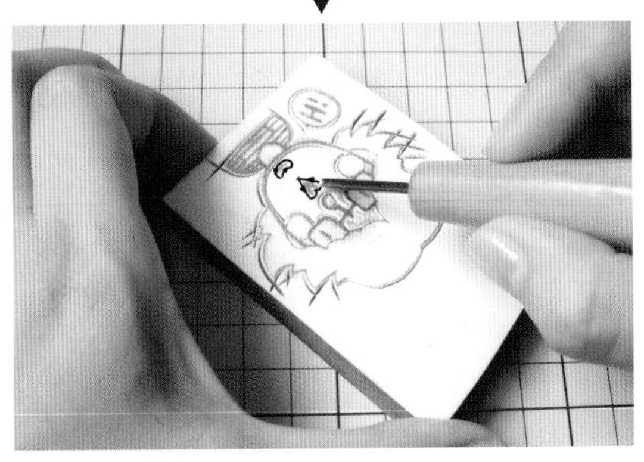

3 沿着图中所示的方向刻出脸内部的线条。

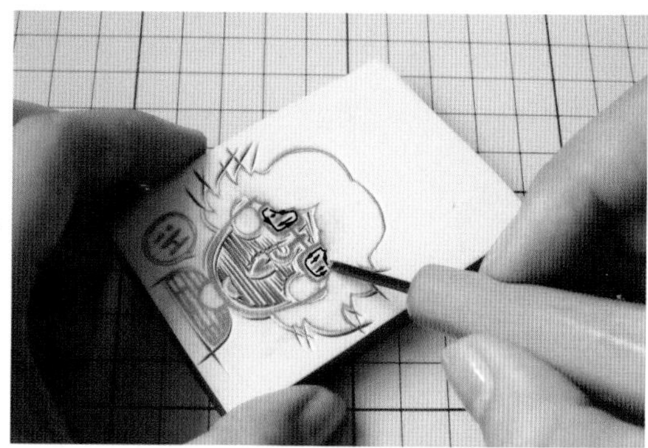

4 按照图中所示的方向将除腮红部分之外的脸内部刻空。

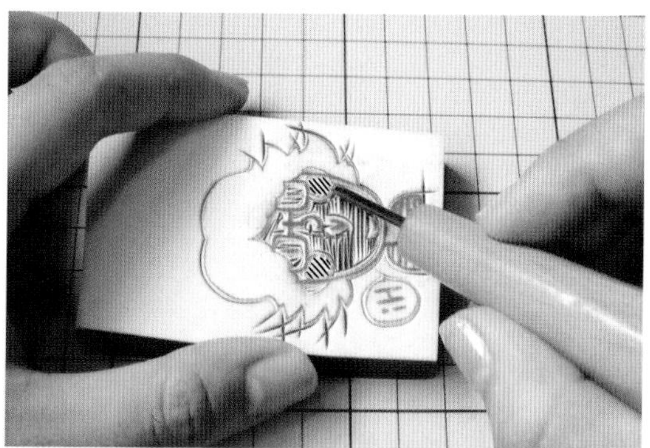

5 腮红部分先往一个方向平行刻，再换垂直方向平行刻。

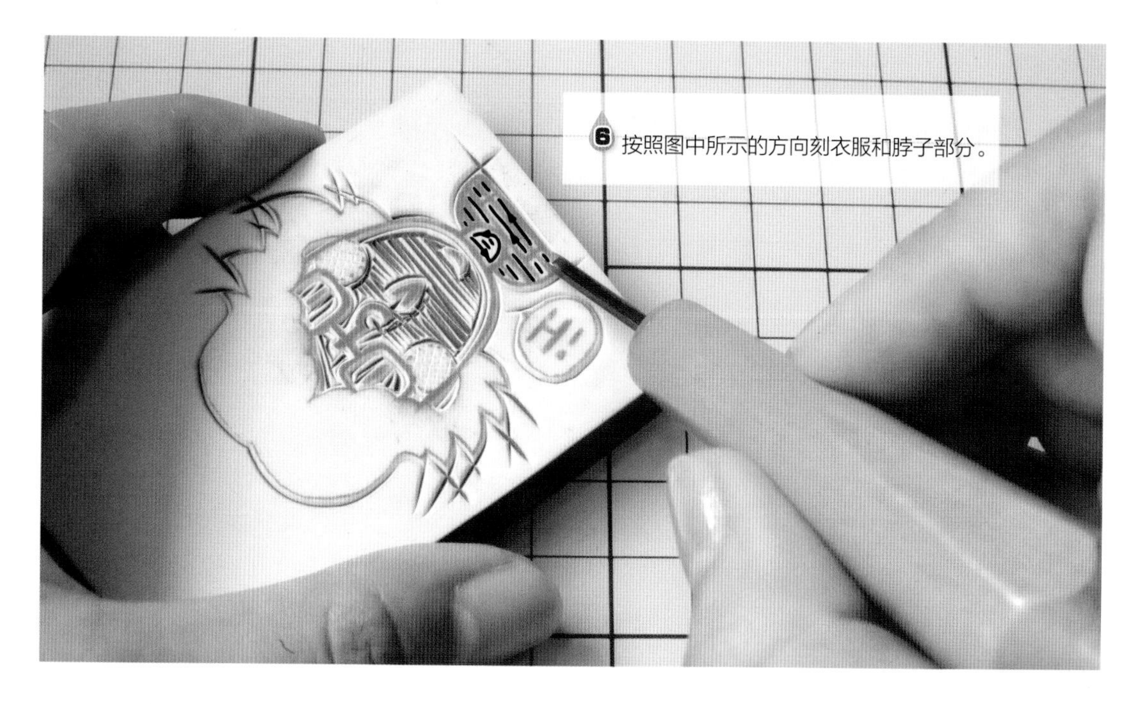

6 按照图中所示的方向刻衣服和脖子部分。

7 刻文字部分。

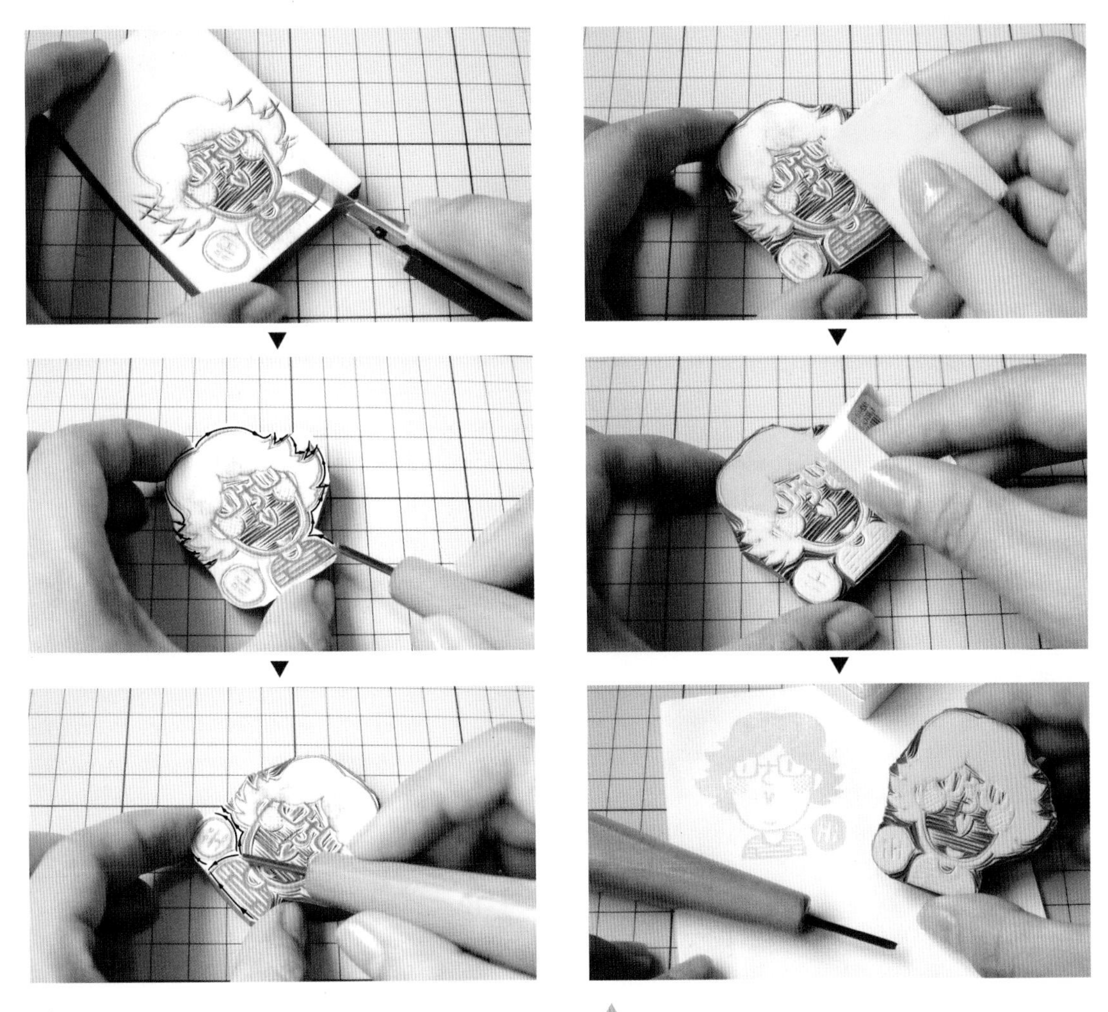

8 用美工刀切掉周围多余部分，再用角刀沿着外轮廓刻掉细碎部分。

9 用可塑橡皮清理橡皮章子表面，均匀拍上浅色印泥，试印。

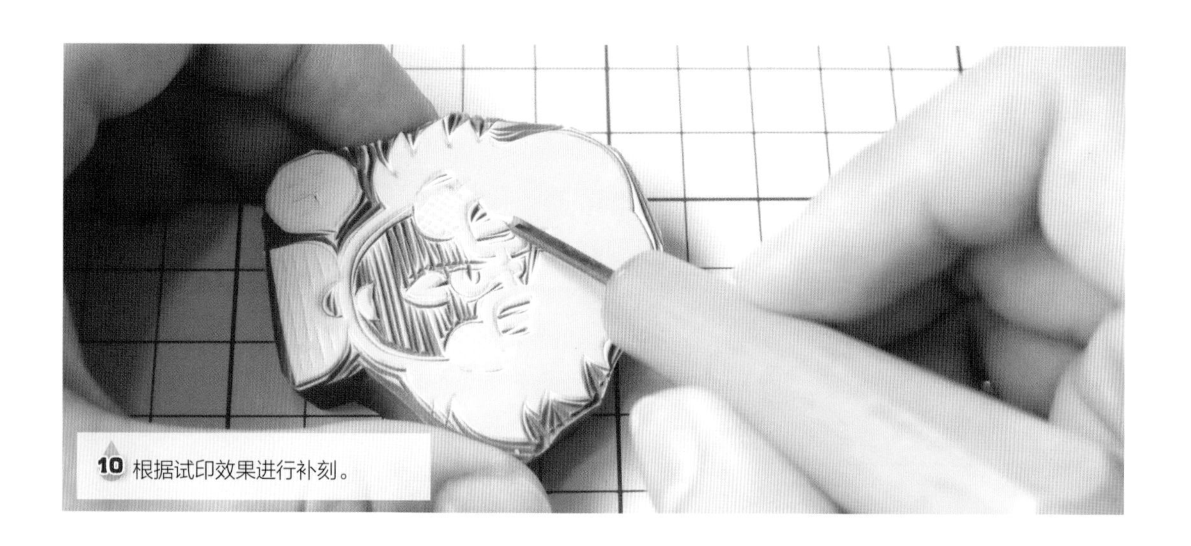

**10** 根据试印效果进行补刻。

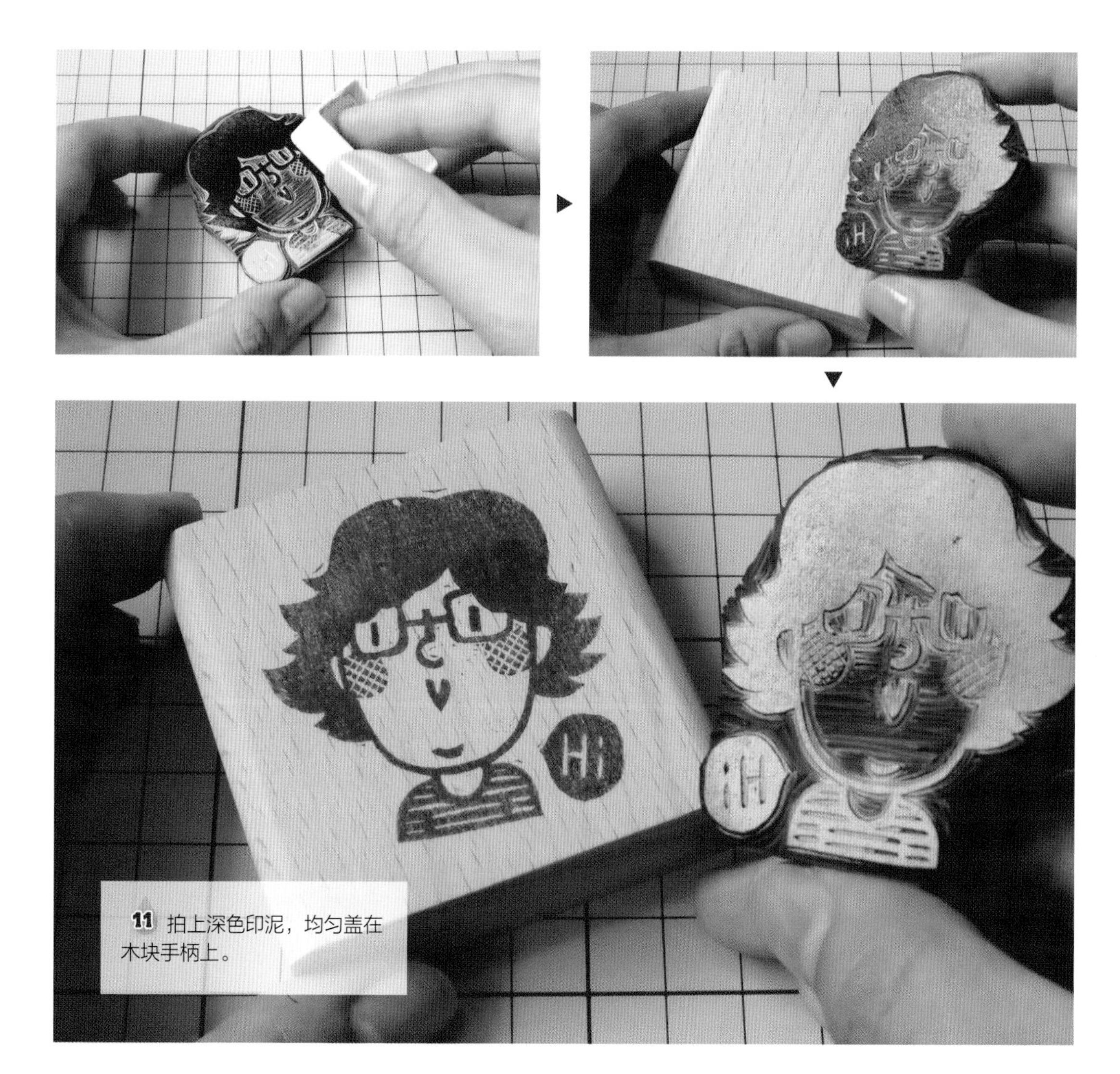


**11** 拍上深色印泥，均匀盖在木块手柄上。

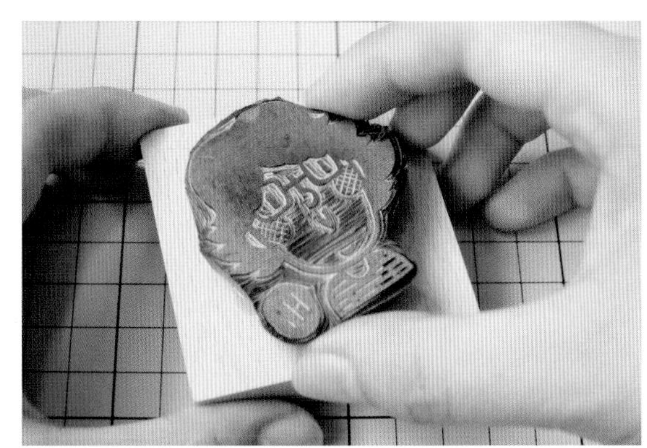

**12** 用酒精胶将橡皮章子粘在木块手柄的另一面，尽量让橡皮和对面盖印的图案位置一致，这样以后盖印时能控制橡皮章子的位置。

原图在本书 112 页

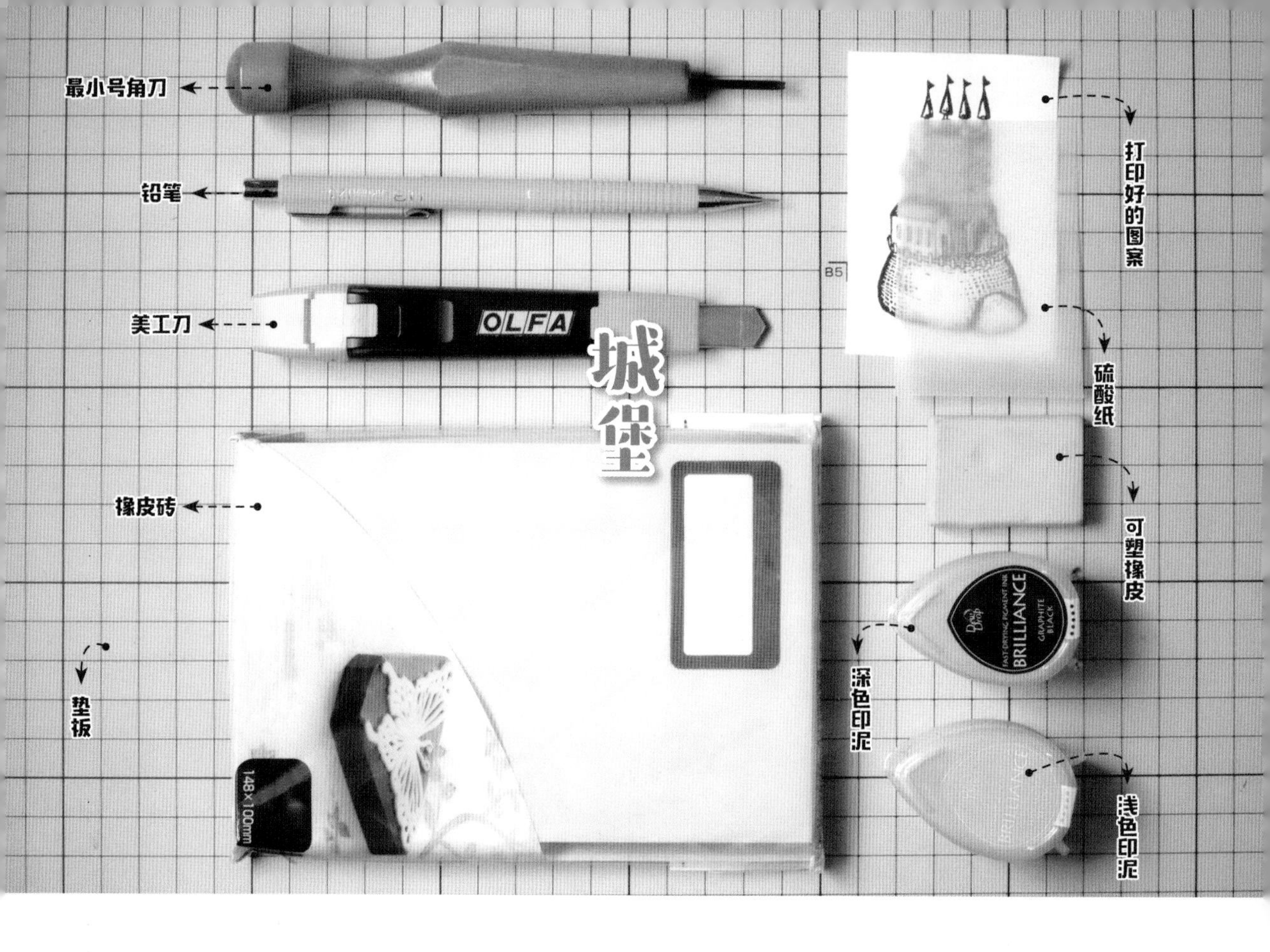

1 用硫酸纸覆盖原图，用铅笔描出轮廓线。里面的横条排线、阴影等都不需要描出来。

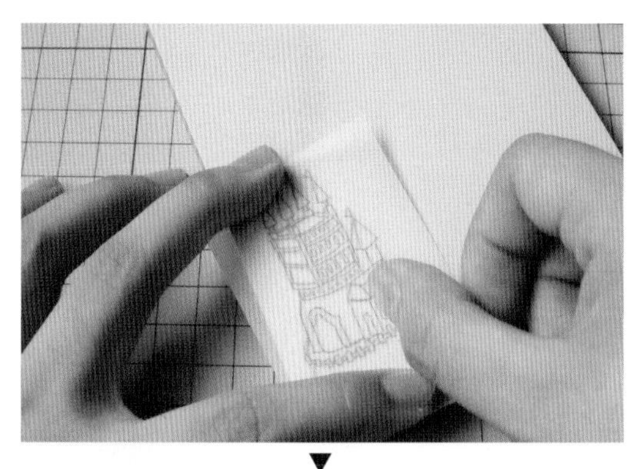

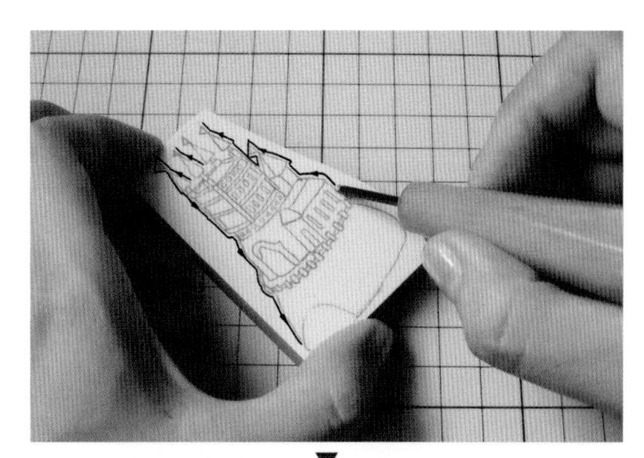

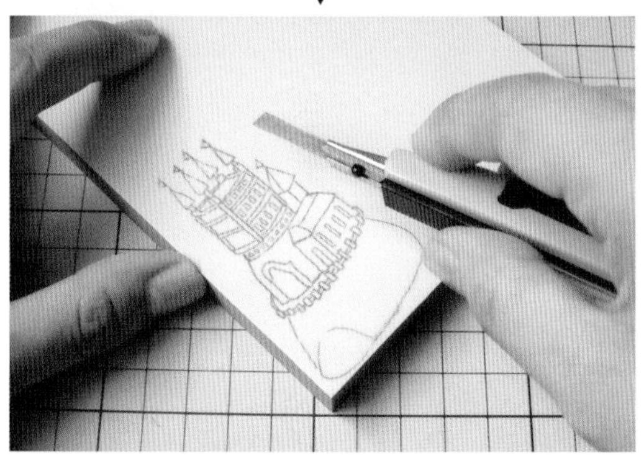

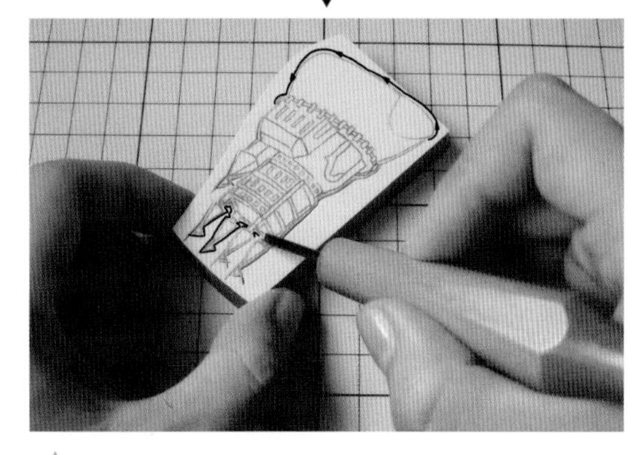

2 将描好图案的硫酸纸反过来覆盖在橡皮砖表面，均匀轻刮使线条转印到橡皮砖上，用美工刀切下需要的部分。

3 按照图中所示的方向小心地将外轮廓线刻出来。注意角落部分不要刻坏了。

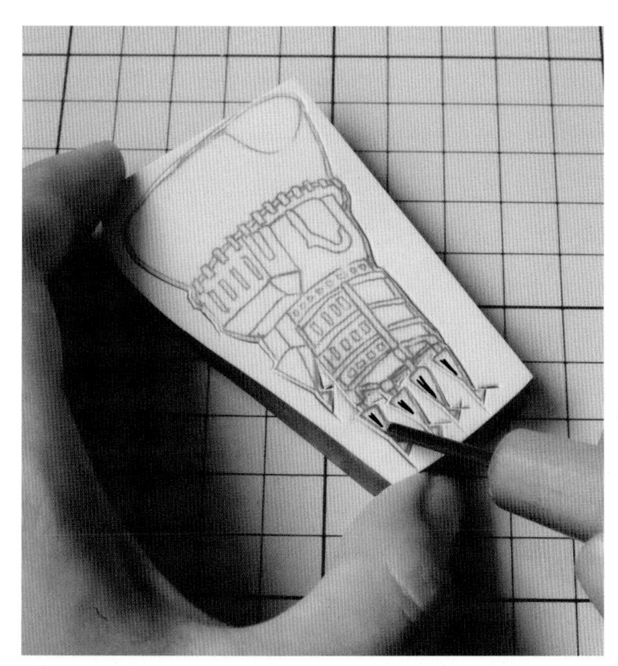

4 尖尖的屋顶有阴影明暗效果，所以不用挖空，按照图中所示的方向刻单边即可。

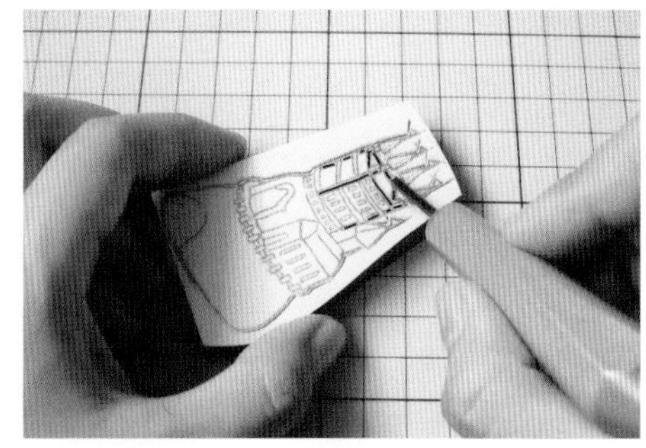

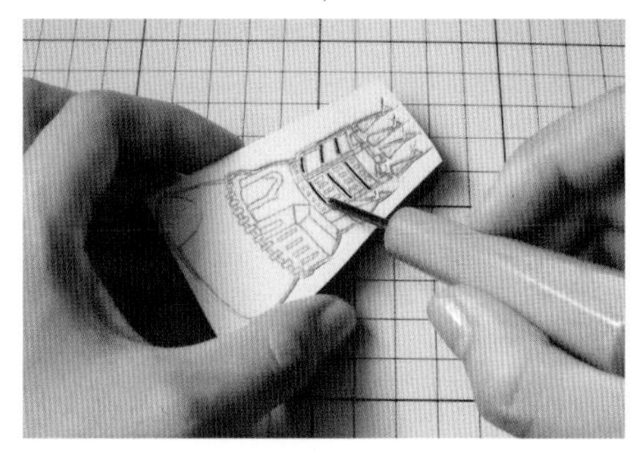

5 按照图中所示的方向刻出较长的线条。

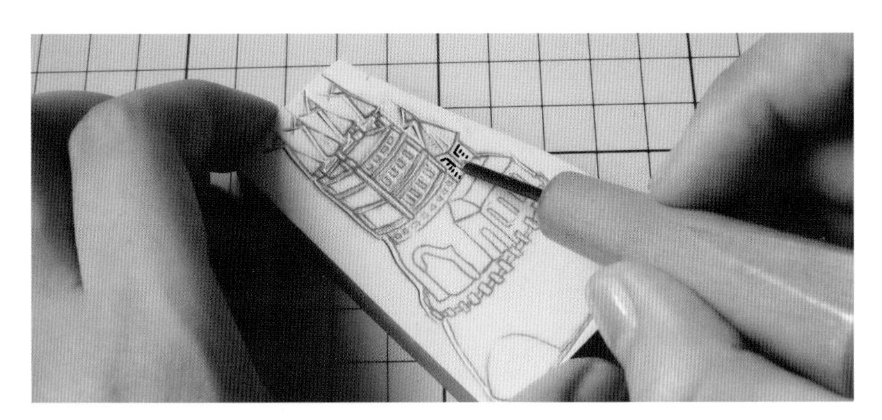

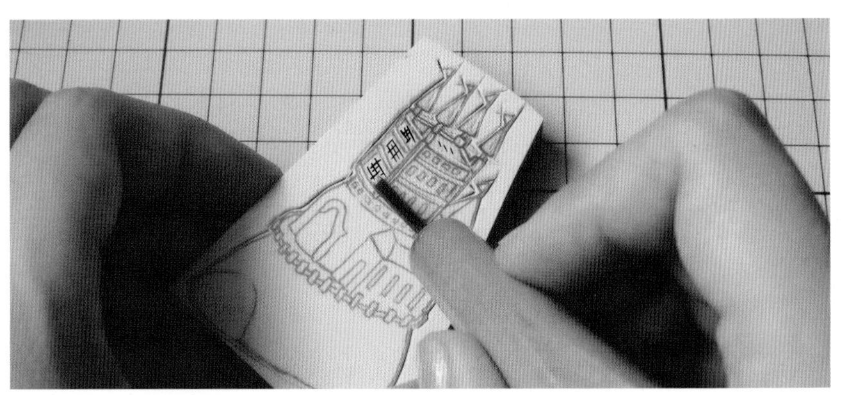

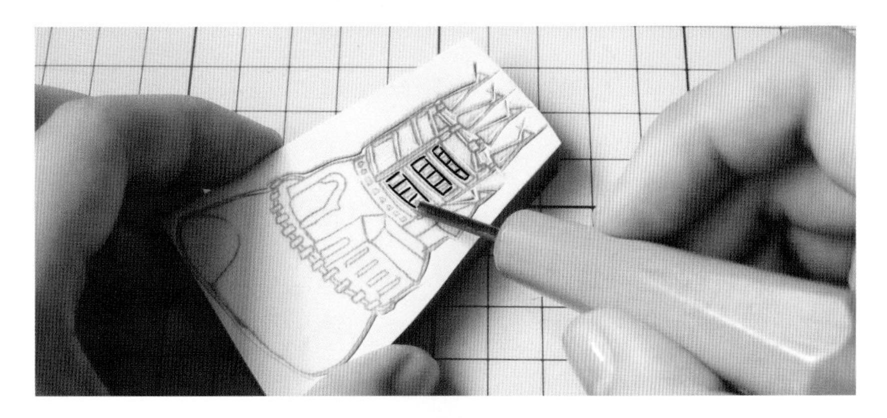

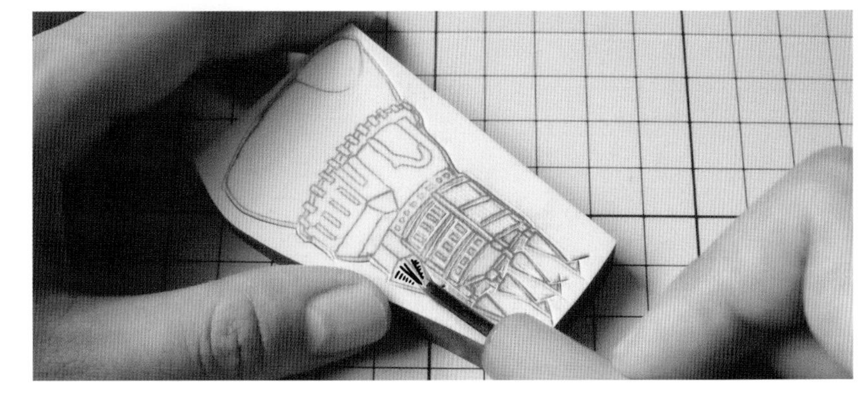

6 按照图中所示的方向，下刀不要过深，刻出城堡上半部分的细节。

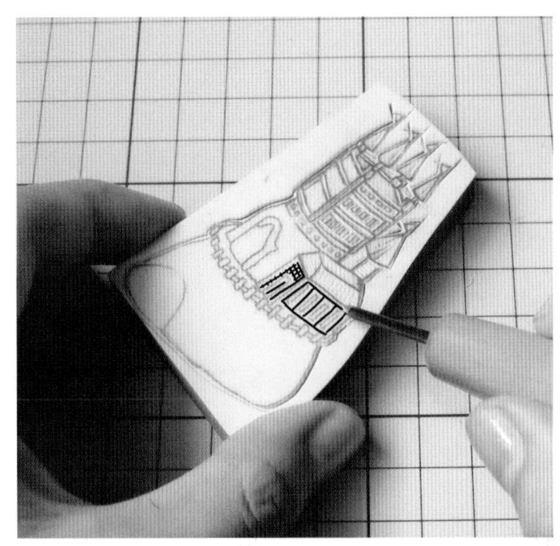

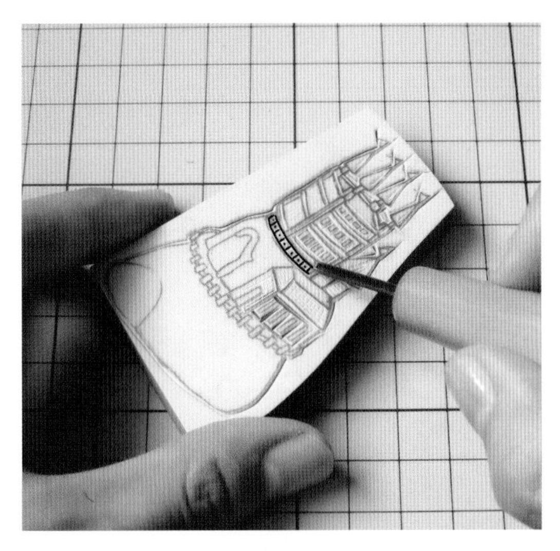

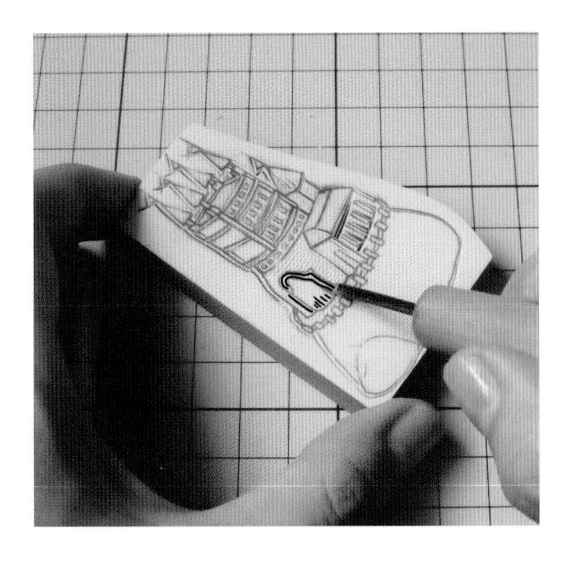

7 考虑到阴影效果，刻城堡下半部分时可以交替使用排线和网格雕刻的方法，刻出立体的感觉，不需要按照描线的线条挖空。

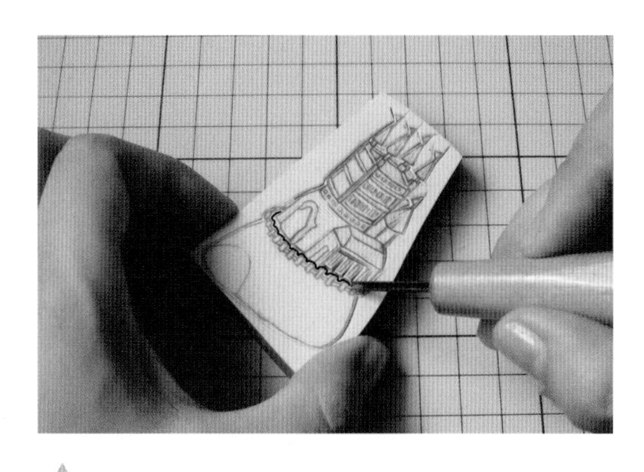

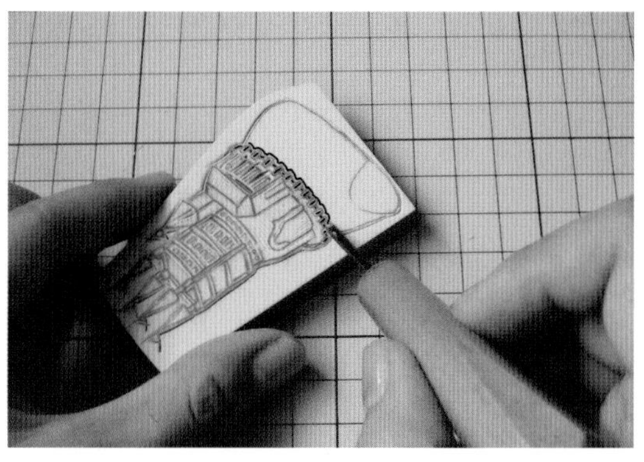

8 刻出栅栏的外轮廓和内部空白部分，刻短线下刀浅一些、轻一些，以免刻掉需要保留的部分。

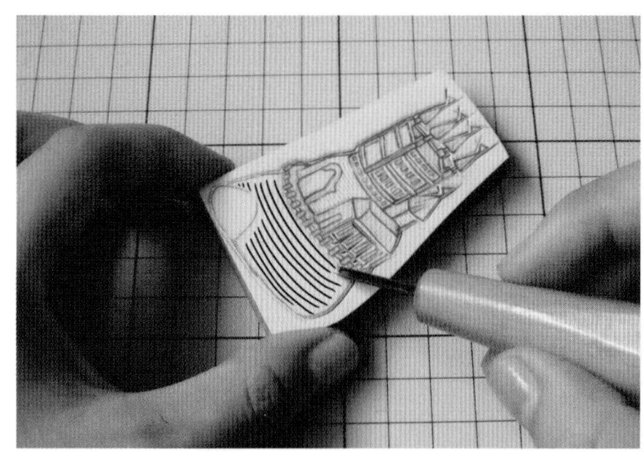

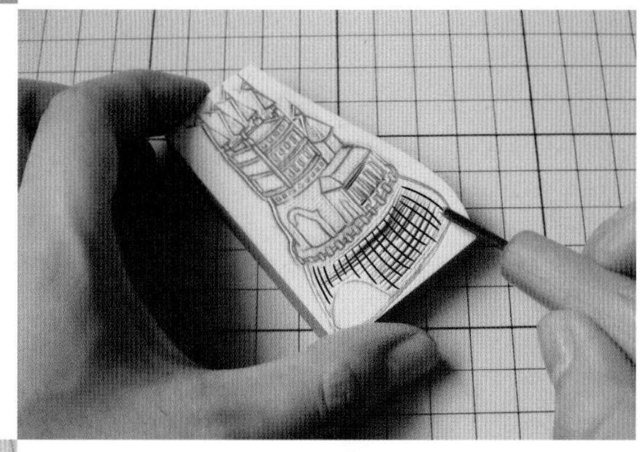

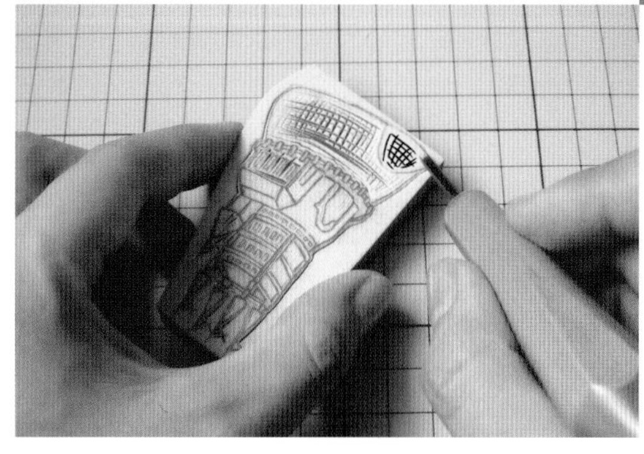

9 刻下面的石头部分，不需要完全按照横平竖直的方式排线，采取和外轮廓弧度一致的方式排线。

10 用美工刀沿着边缘再切一圈。

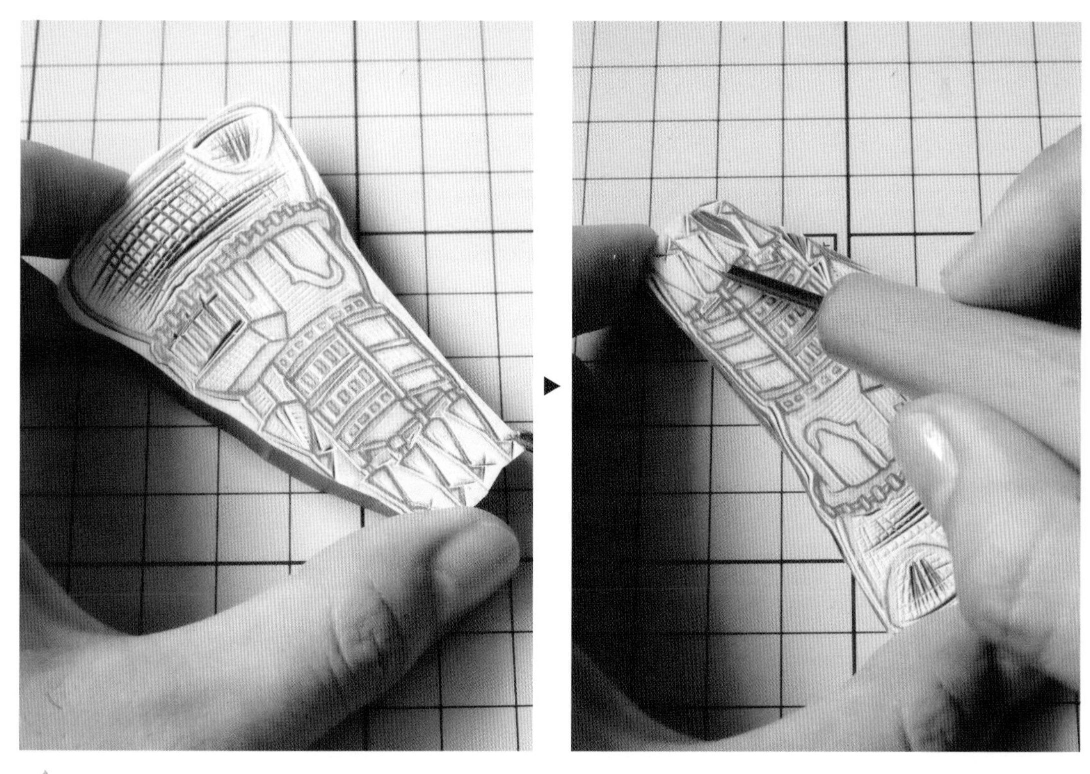

11 用角刀将外圈不需要的部分刻除。

12 用可塑橡皮清理掉铅笔印。

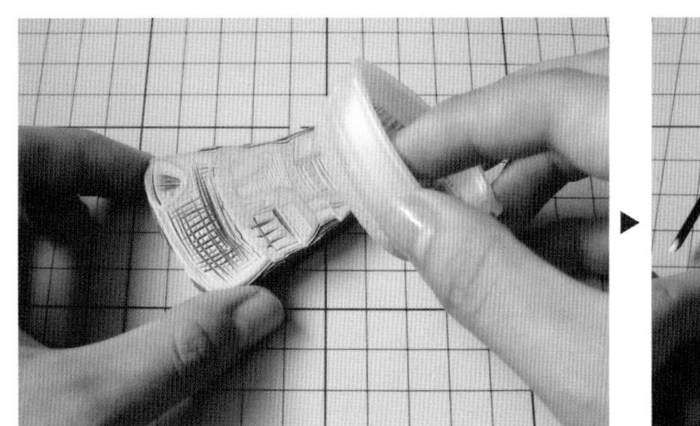

13 将浅色印台均匀拍在橡皮章子表面，试印。

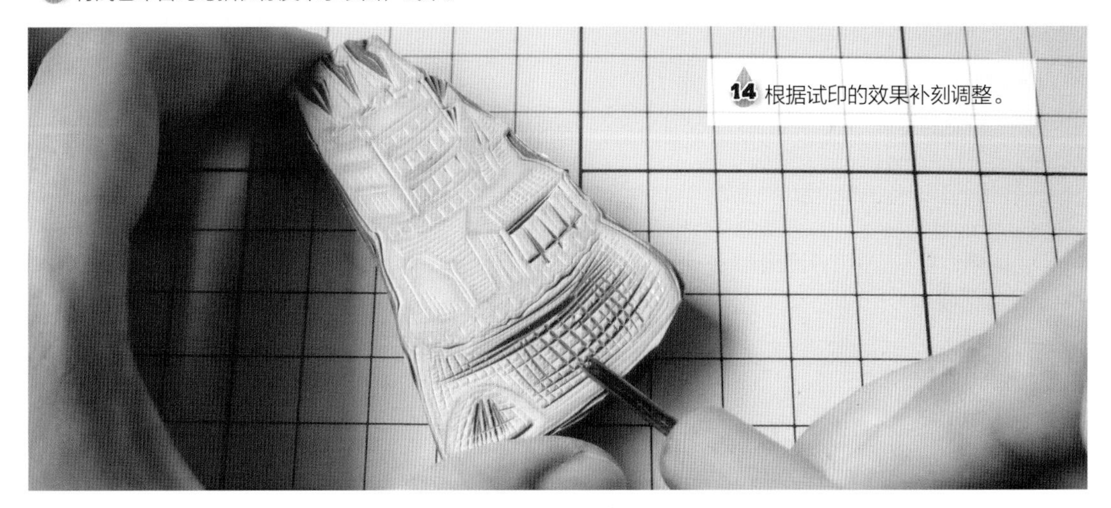

14 根据试印的效果补刻调整。

**15** 拍上深色印泥，盖在纸上，作品完成。

原图在本书 113 页

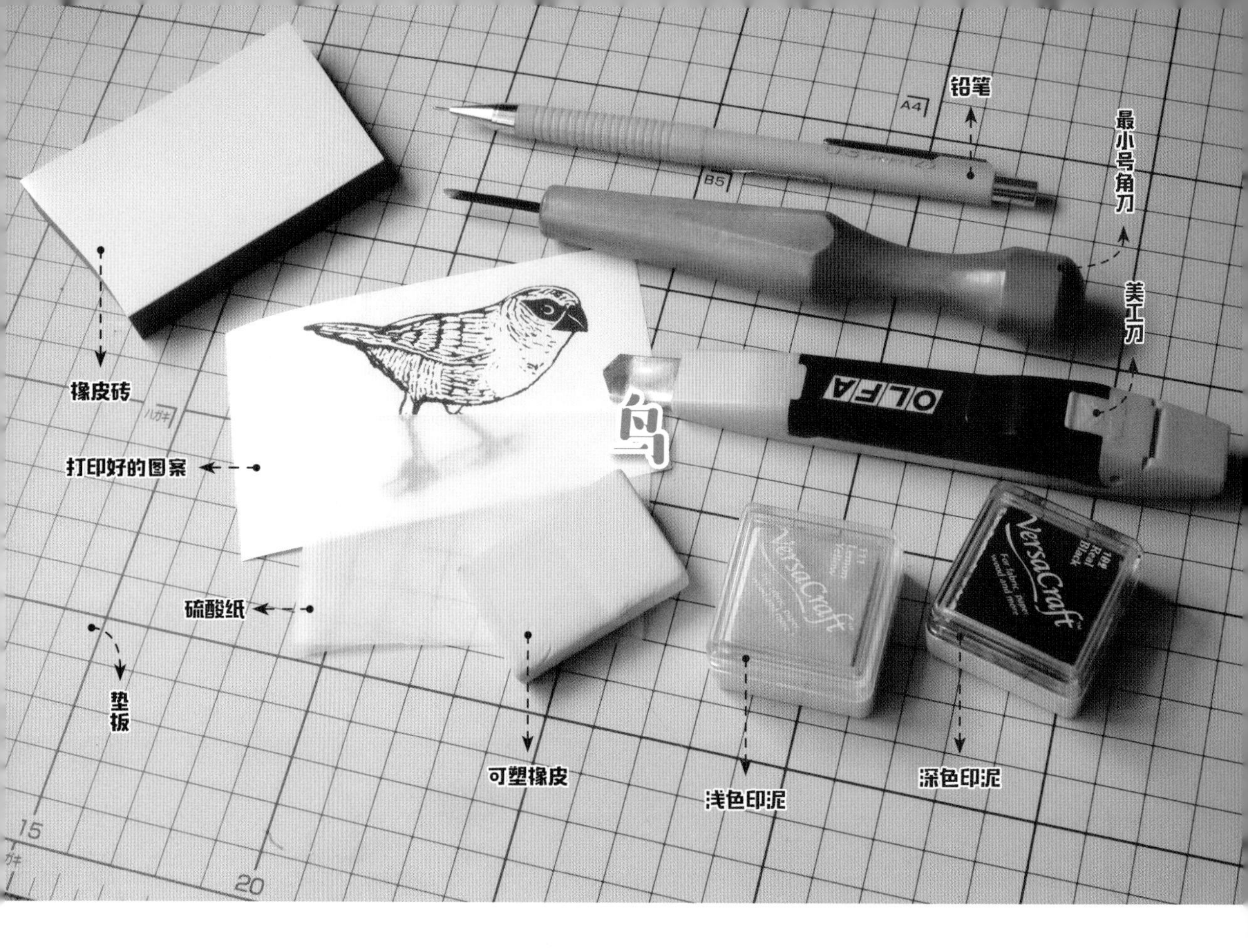


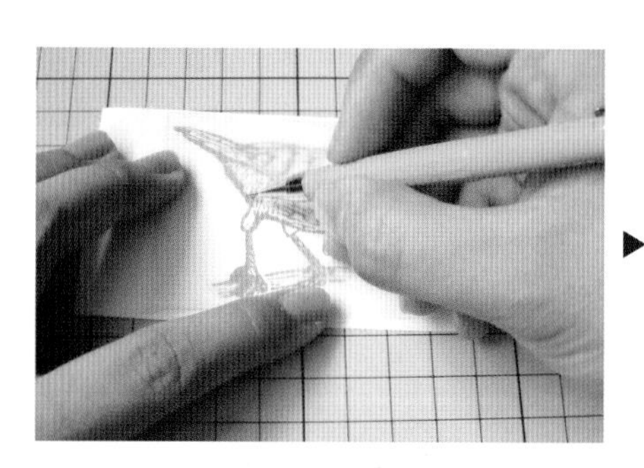

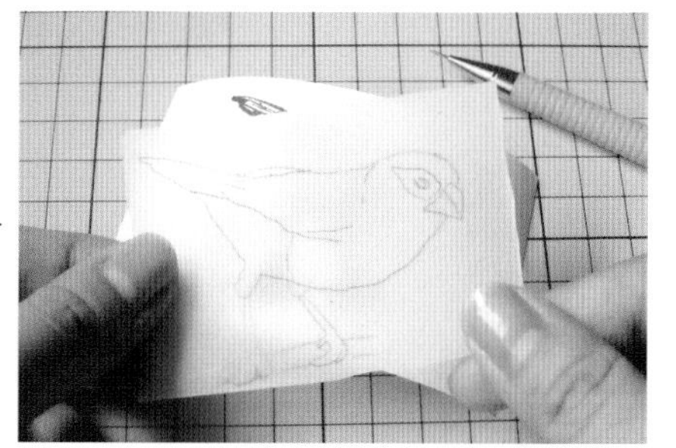

1 用硫酸纸覆盖在原图上描线，只需要描出主要的线条。

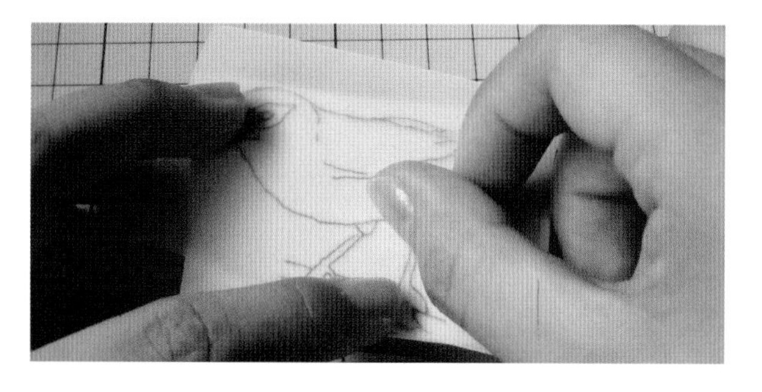

2 将描好图案的硫酸纸反过来覆盖在橡皮砖表面，均匀轻刮，使图案完整地转印到橡皮砖上。

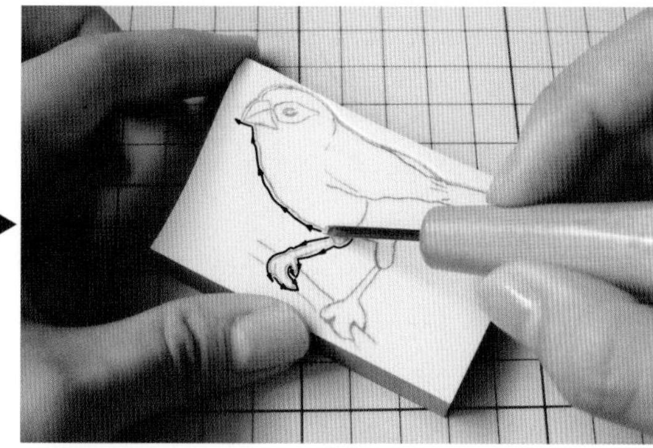

3 按照图中所示的方向刻出外轮廓。

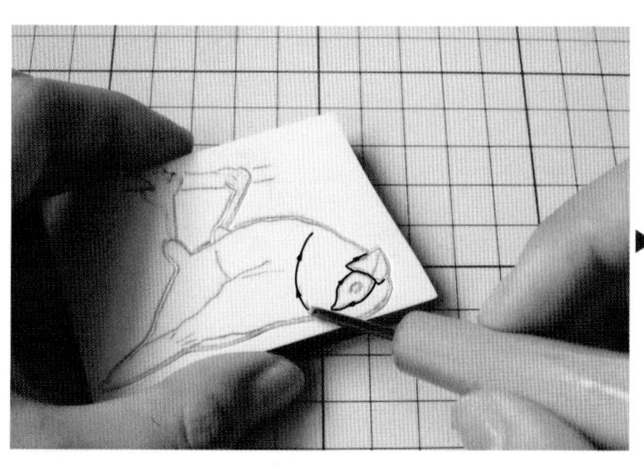

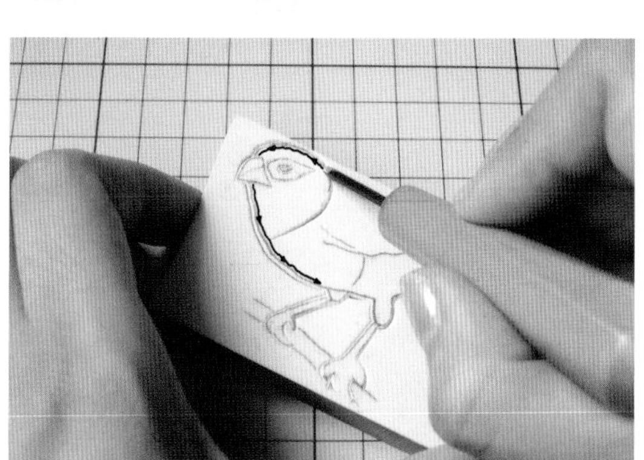

4 按照图中所示的方向刻出颈部和身体的分界处、眼睛和嘴巴。用抖动的方式刻出头部的内轮廓。

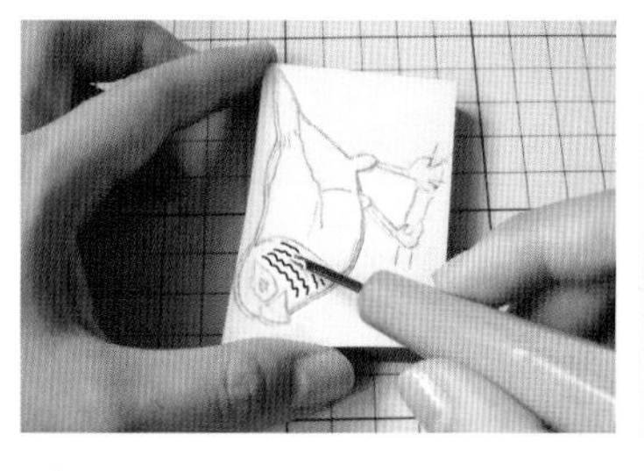

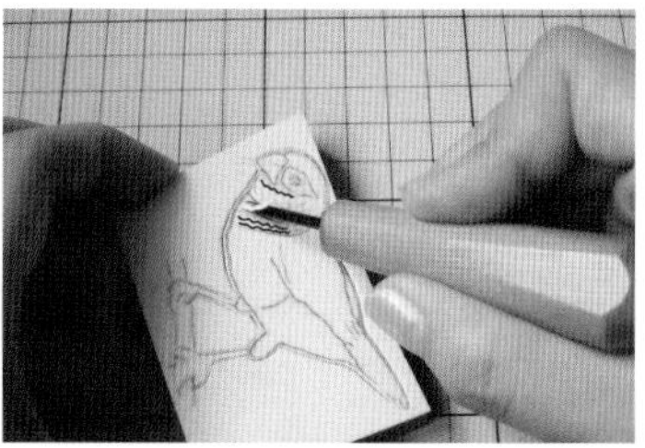

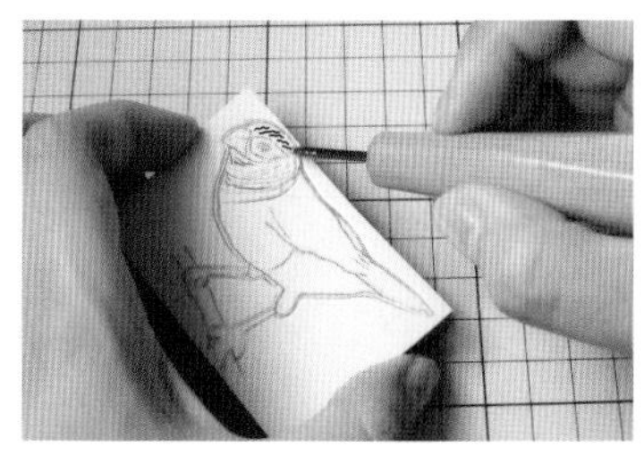

5 用抖动的方式刻出头部的羽毛。

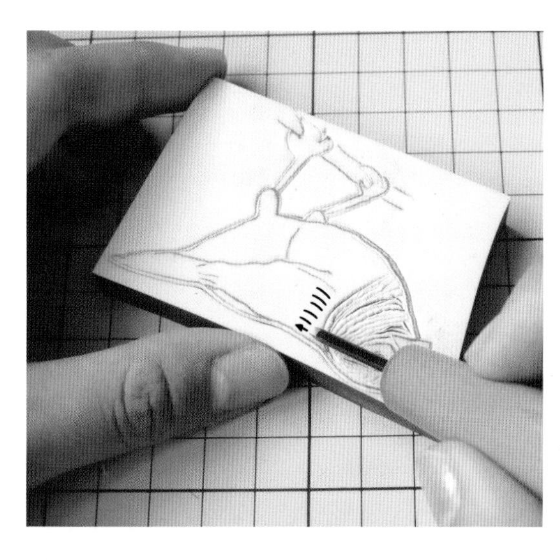

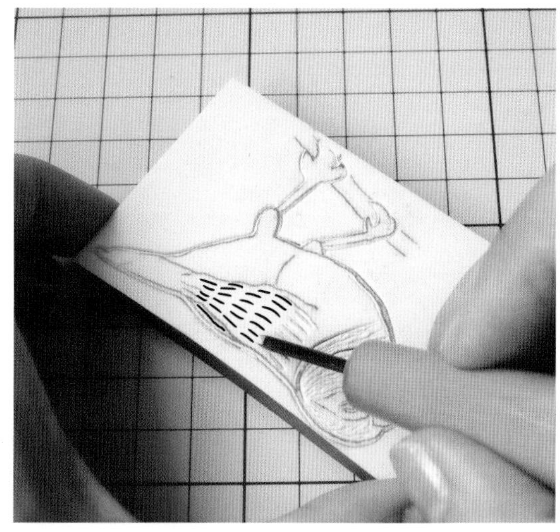

6 按照图中所示的方向，用短排线的方式刻出翅膀上的羽毛。

7 用较长的线条刻出尾巴部分的线条。

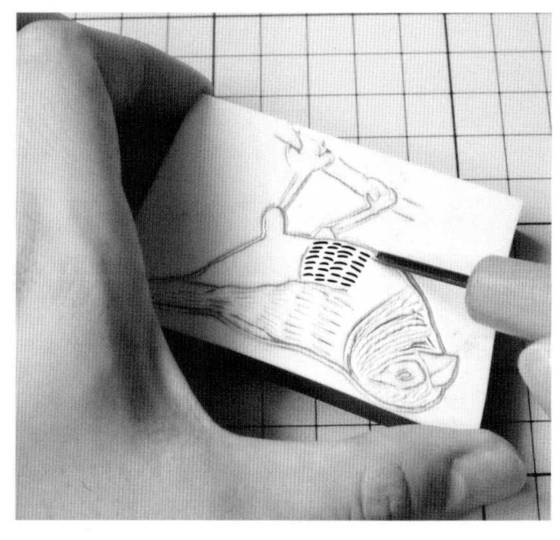

8 同样用短排线的方式刻出腹部的羽毛。

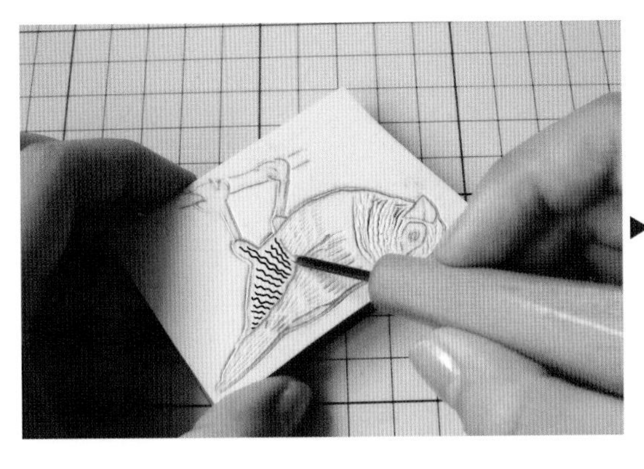
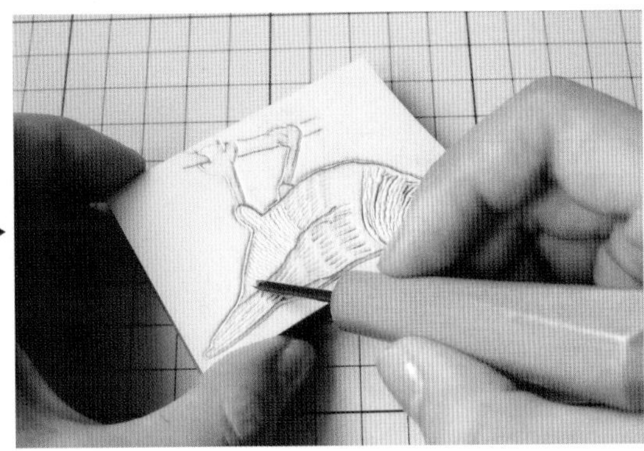

9 用抖动的方式刻出臀部的羽毛。

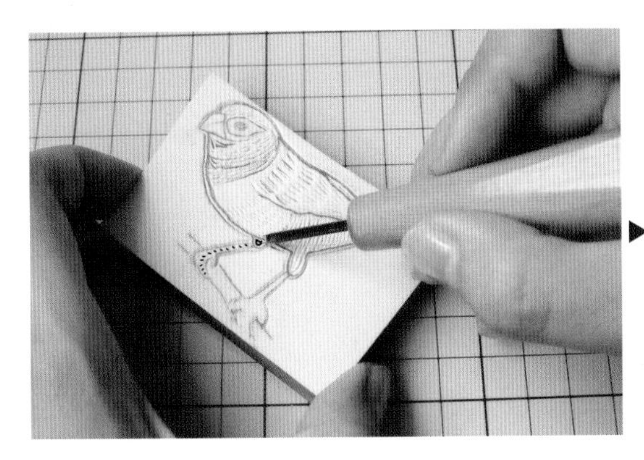
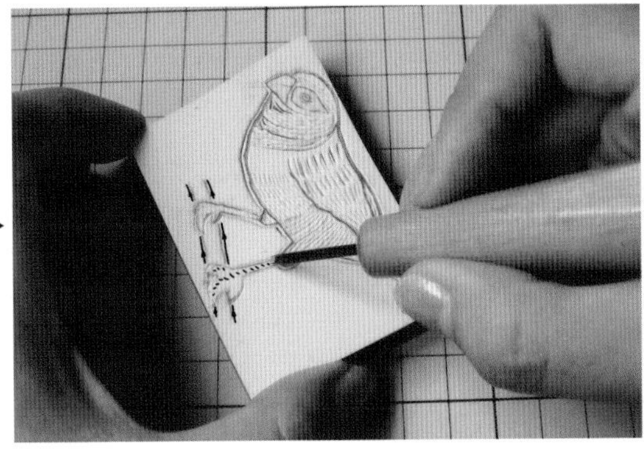

10 小心地刻出爪子部分的线条和树枝的轮廓。

11 顺着一个方向刻出树枝的纹理，顺便将两腿之间的空白部分挖出来。

12 用美工刀切除外圈不需要的部分。

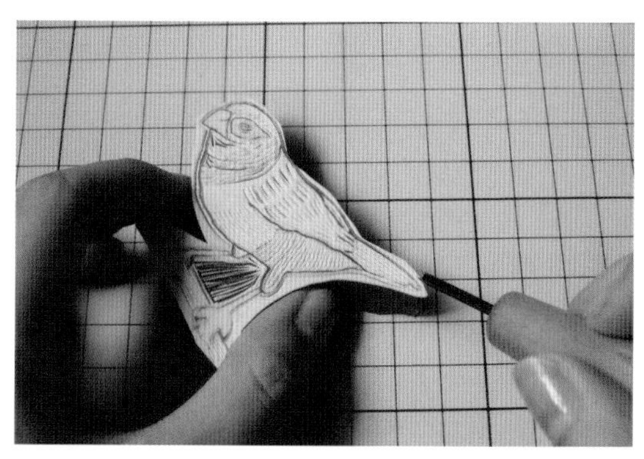

13 用角刀修整外圈不需要部分。

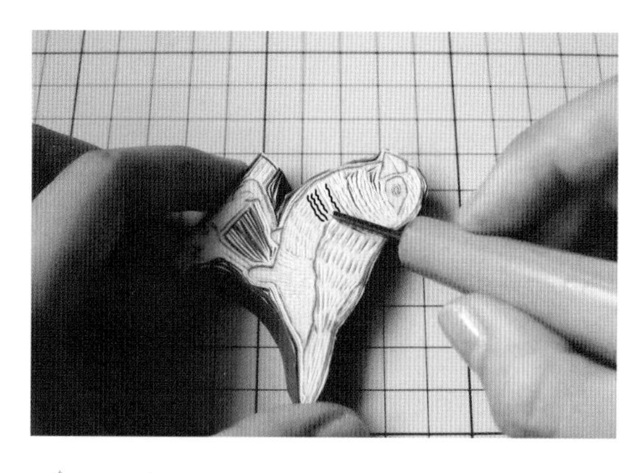

14 发现颈部以下还有一些地方没有刻，赶紧补上。

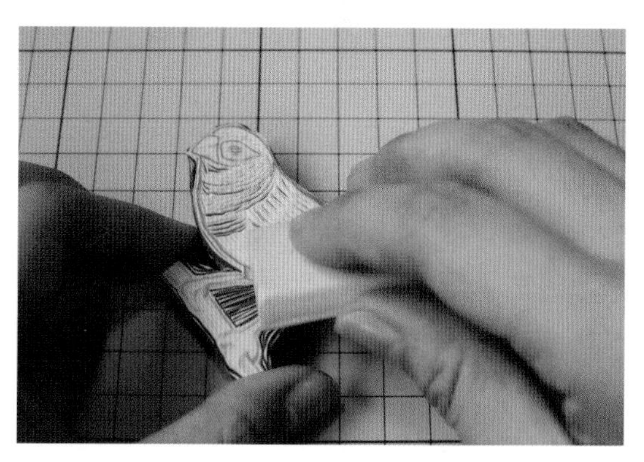

15 用可塑橡皮清除铅笔印。

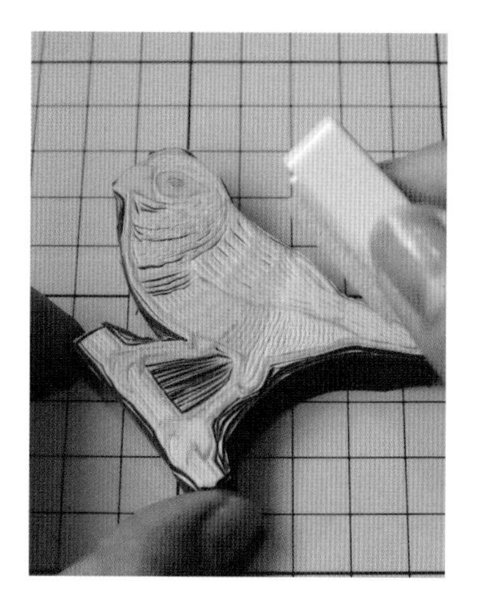

16 均匀拍上浅色印泥，试印。

17 根据试印效果进行调整精修。

▼

18 拍上深色印泥，在纸上盖印。

原图在本书 114 页

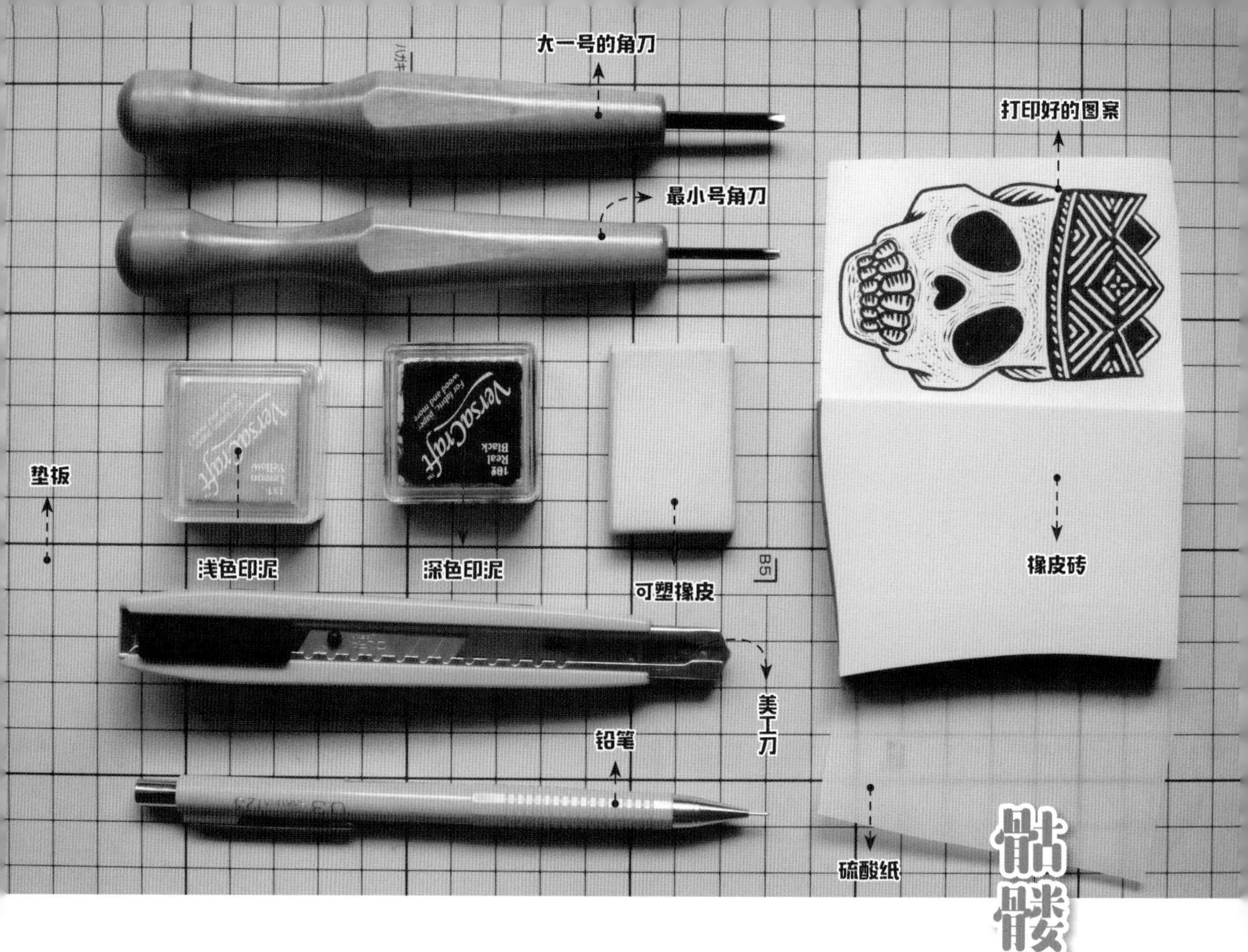


# 骷髅

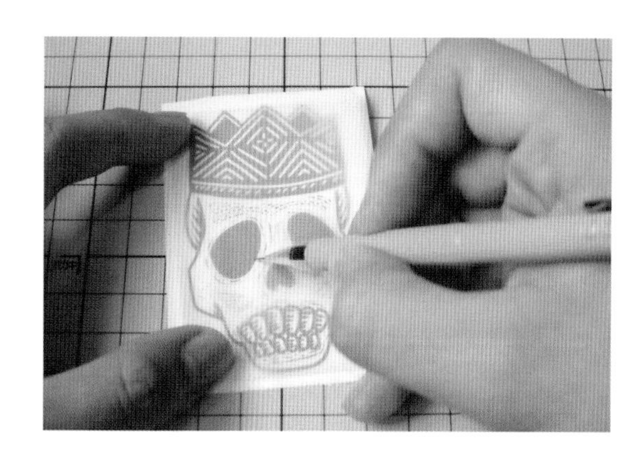

1 将硫酸纸覆盖在原图上，描出线条即可。

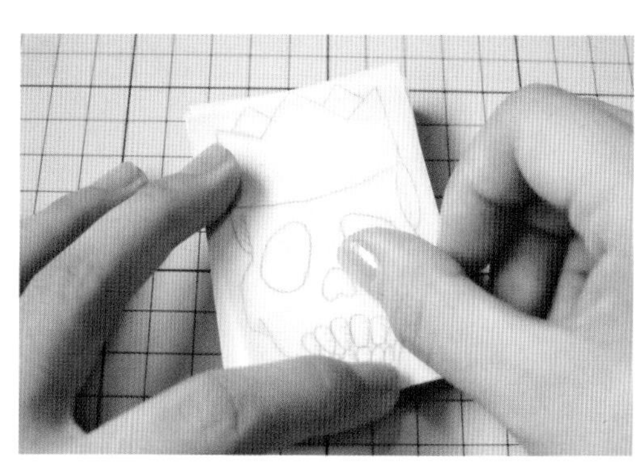

2 将描好图案的硫酸纸反过来盖在橡皮砖表面，均匀轻刮，使图案完整转印到橡皮砖表面。

3 按照图中所示的方向刻出外轮廓。

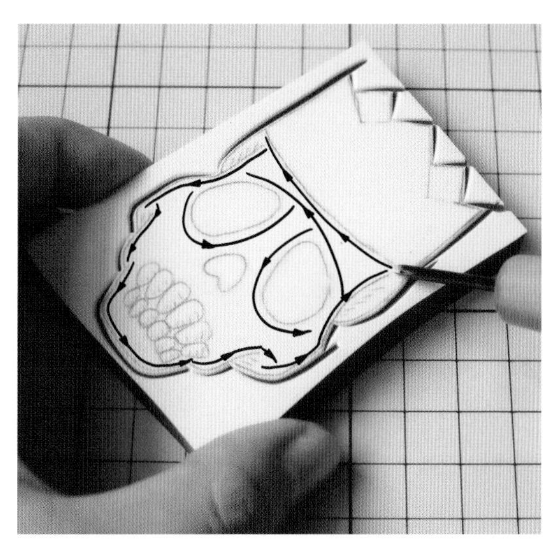

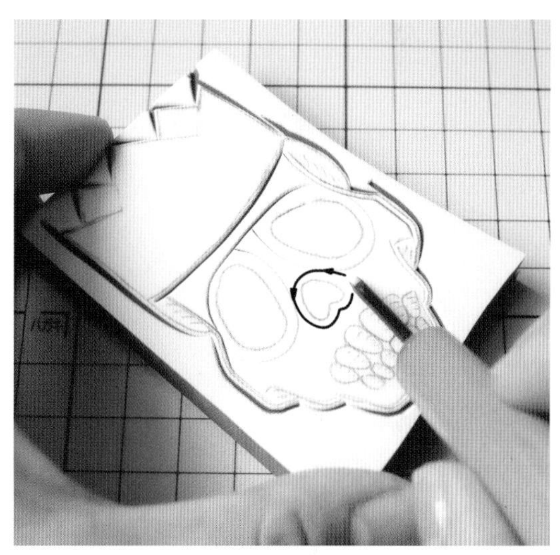

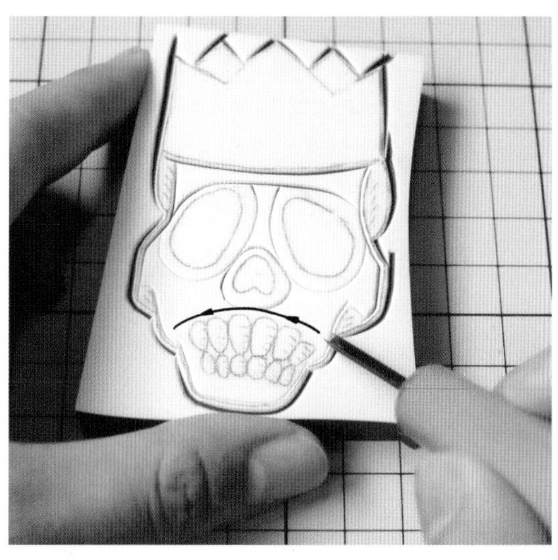

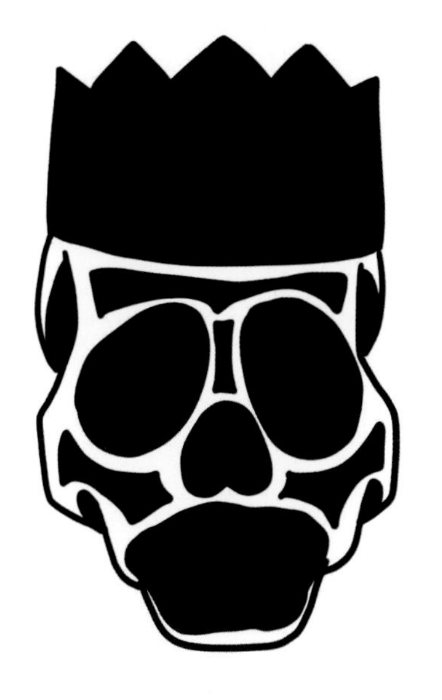

4 按照图中所示的方向，将脸部区域划分出来。

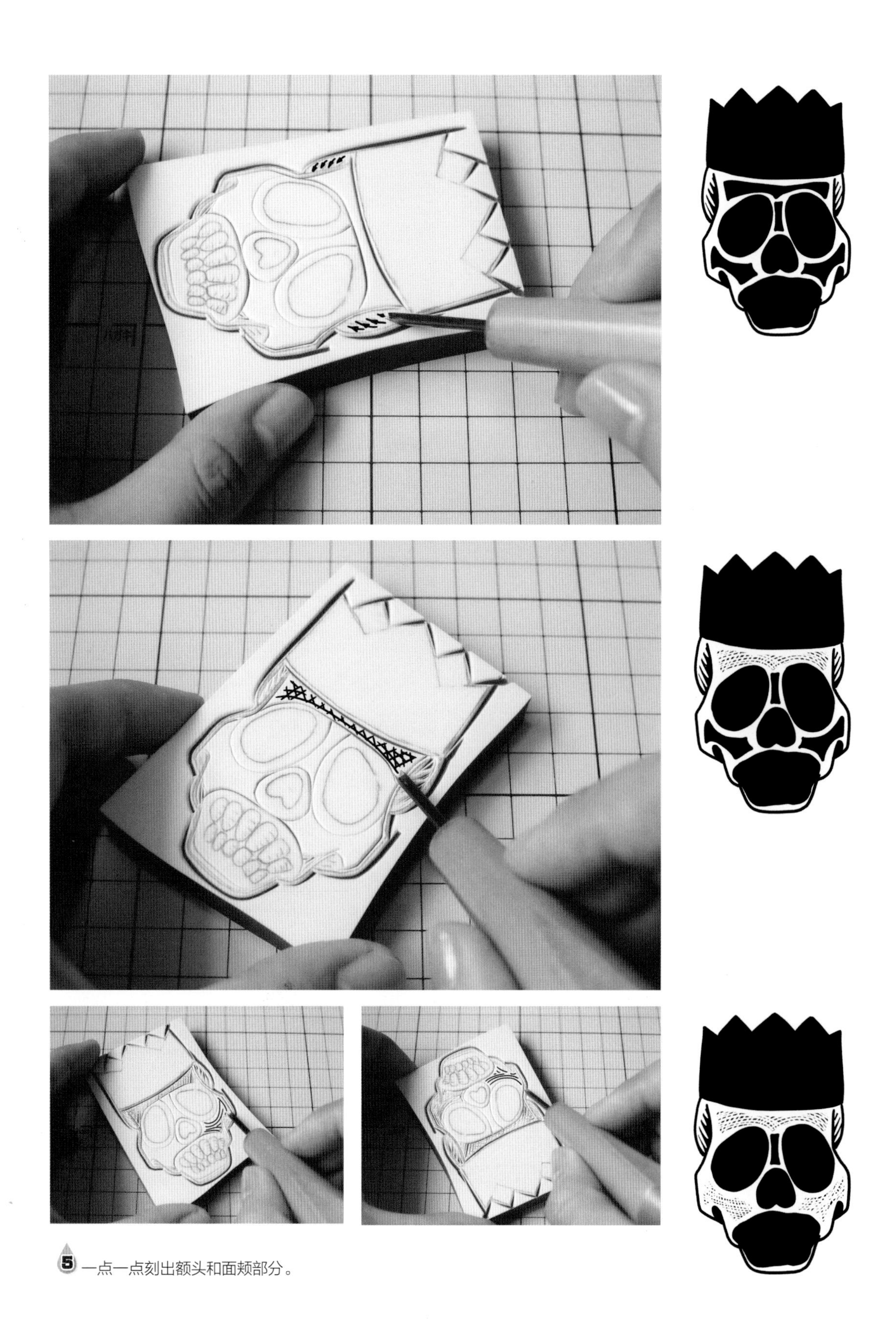

5 一点一点刻出额头和面颊部分。

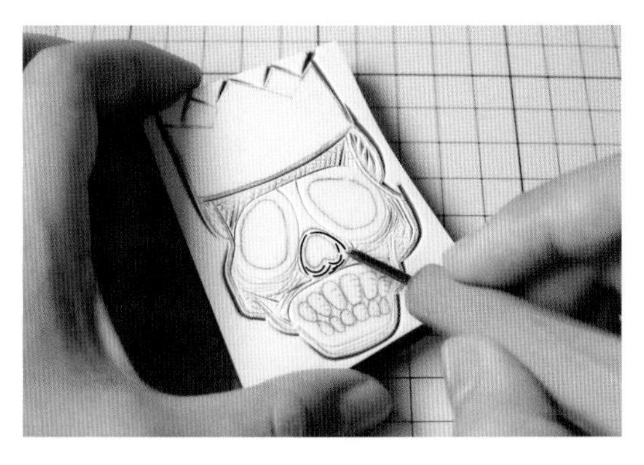

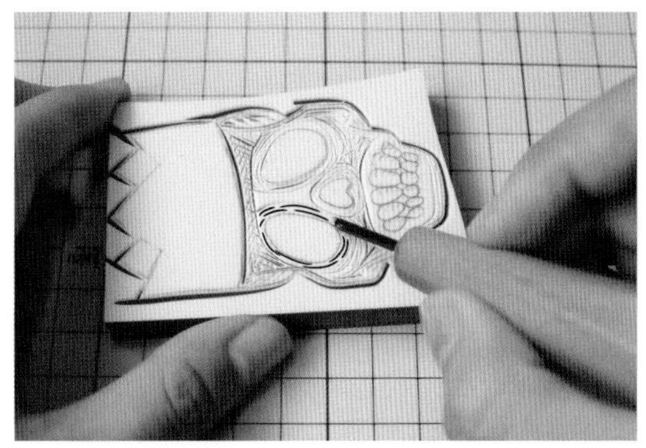

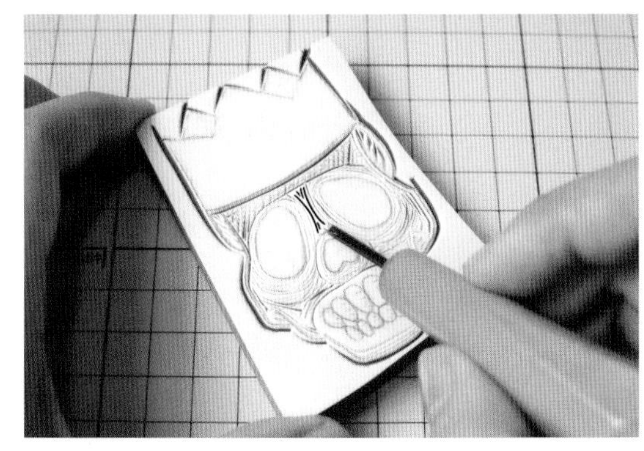

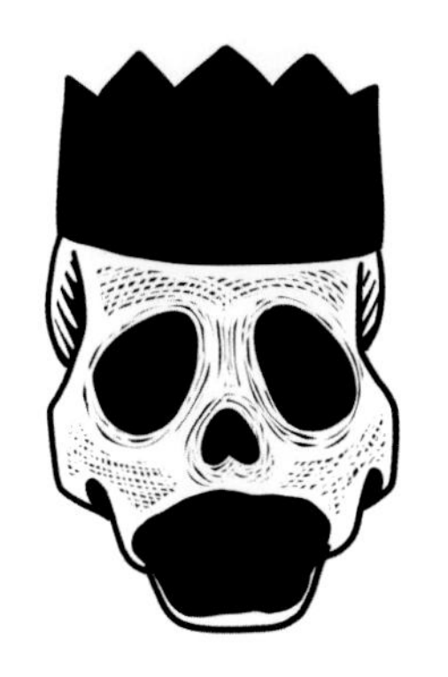

6 刻出鼻子和眼眶部分。

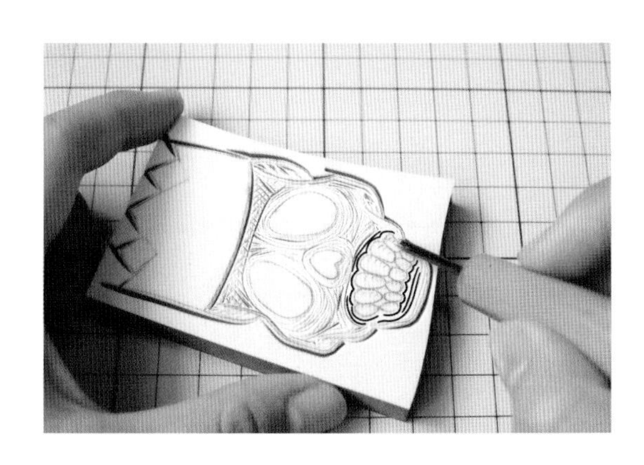

7 刻出嘴巴和牙齿部分，牙齿不需要挖空，按照图中所示刻出部分线条即可。

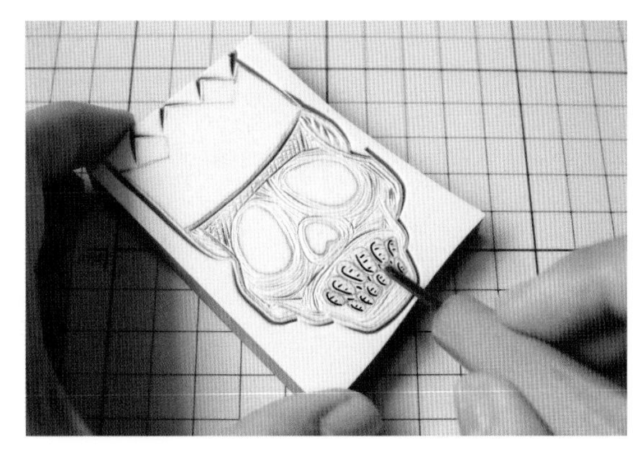

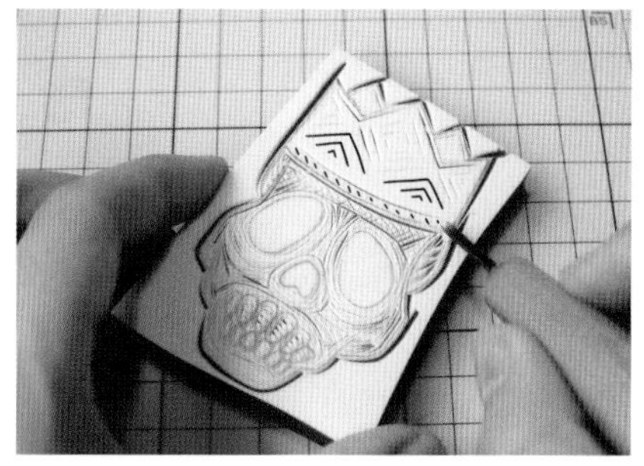

8 一步一步刻出皇冠部分的线条，注意尽量平行，如果掌握不好线条间距，可以在描图的时候把皇冠部分的线条也描出来。

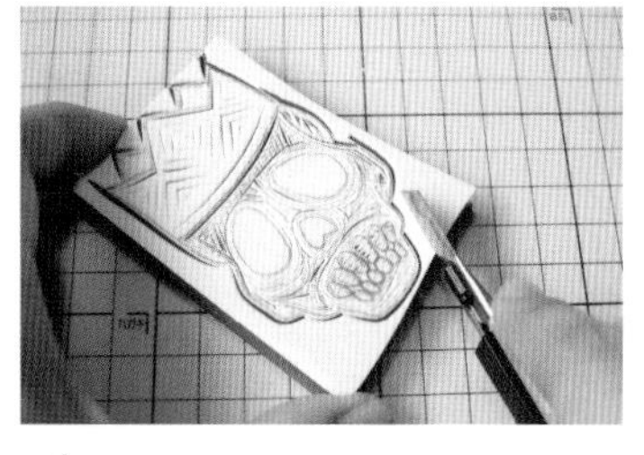

9 用美工刀切除外圈不需要的部分。

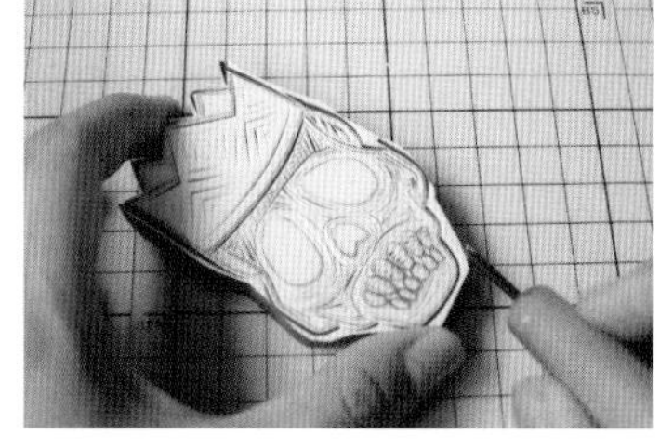

10 用角刀继续修掉外圈不需要的部分。

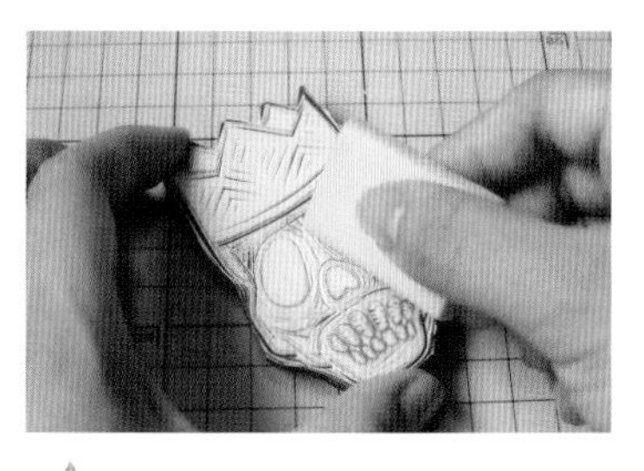

11 用可塑橡皮清除铅笔印。

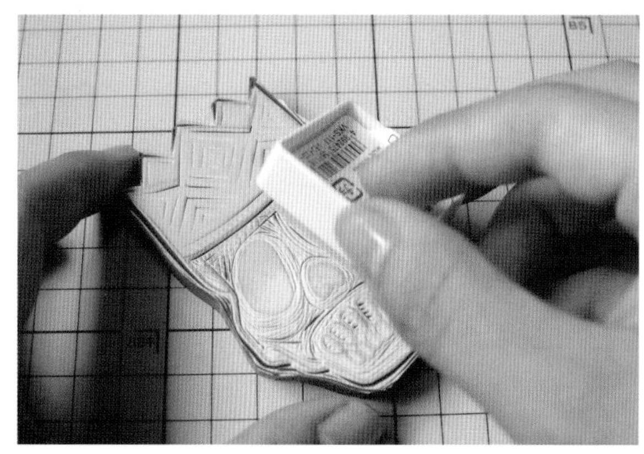

12 拍上浅色印泥，试印。

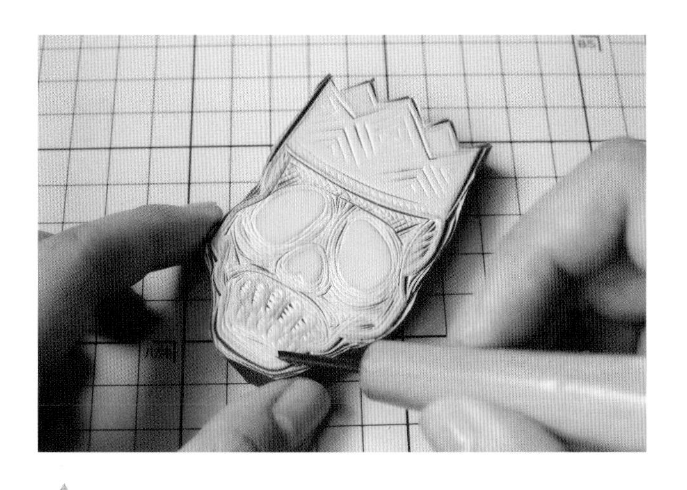

13 根据试印的效果来做最后调整，排线过密的地方，可以再刻几刀。

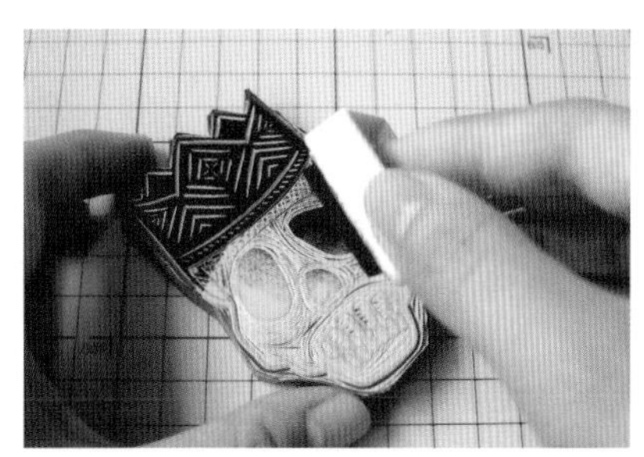

14 拍上深色印泥，在纸上盖印。

原图在本书 112 页

# 套色藏书票

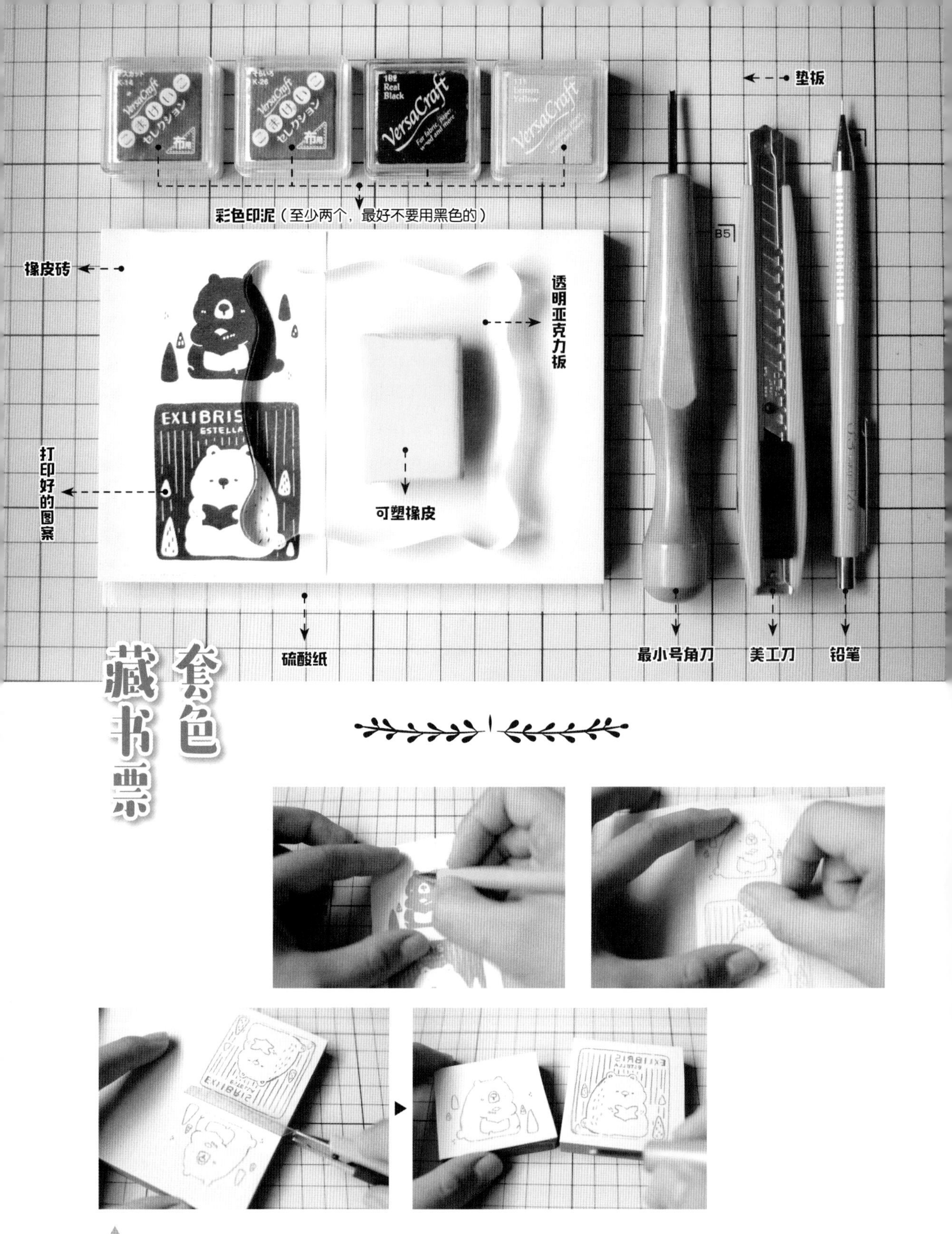


**1** 将硫酸纸盖在原图上，用铅笔描图。将描完图案的硫酸纸反过来盖在橡皮砖表面，用指甲均匀轻刮，使图案完整转印到橡皮砖表面。用美工刀把需要刻的部分切下来，不需要的部分保存起来下次使用。

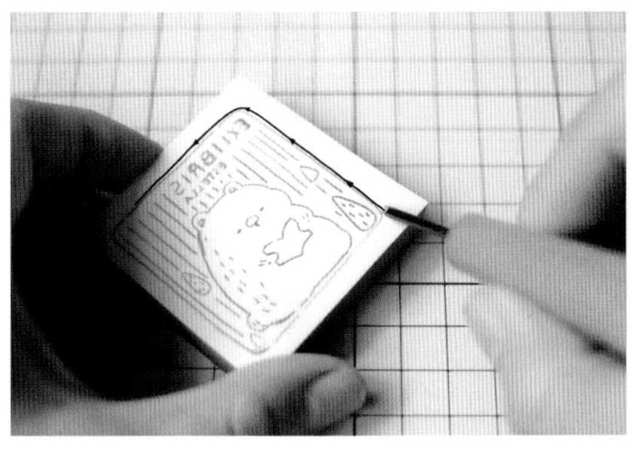

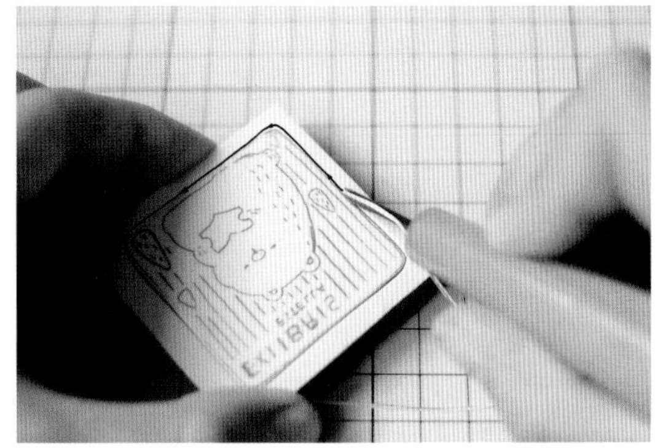

**2** 先取一块刻，按照图中所示的方向将轮廓刻出来。

▼

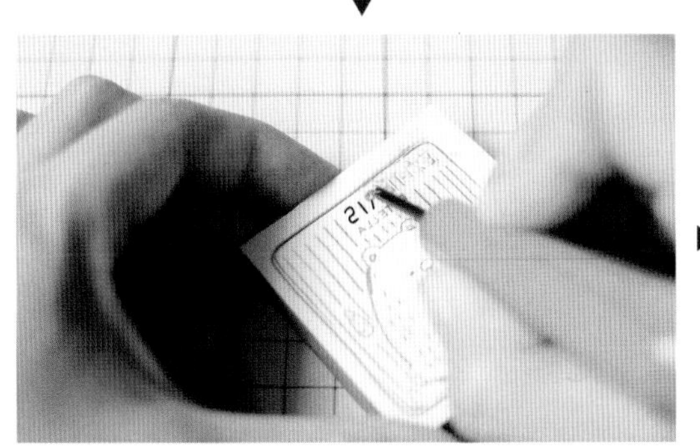

▶

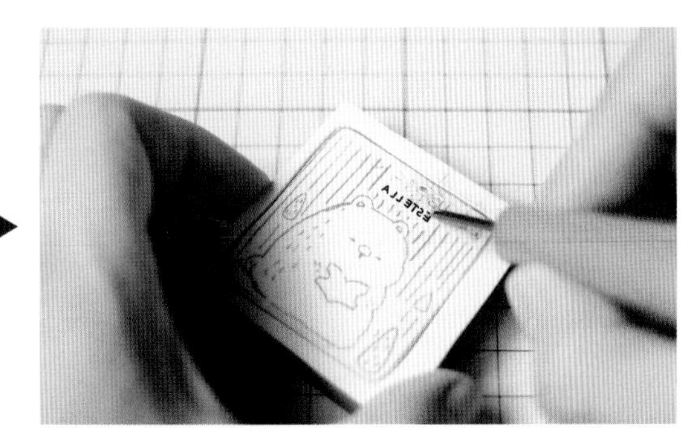

**3** 将文字部分刻出来。

❹ 刻出周围的小树，中间的小短线可以用刻虚线的方法刻出来。

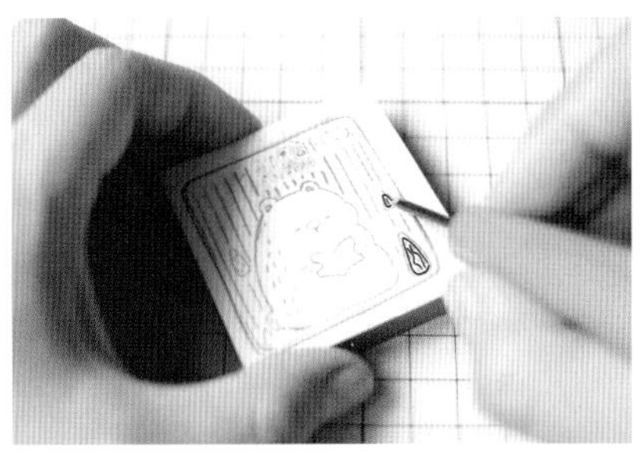

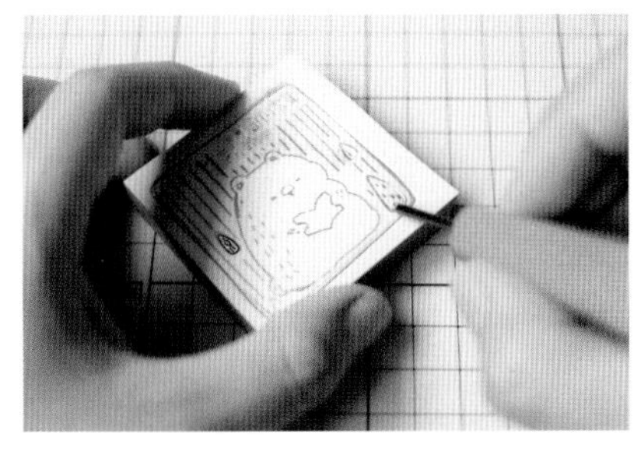

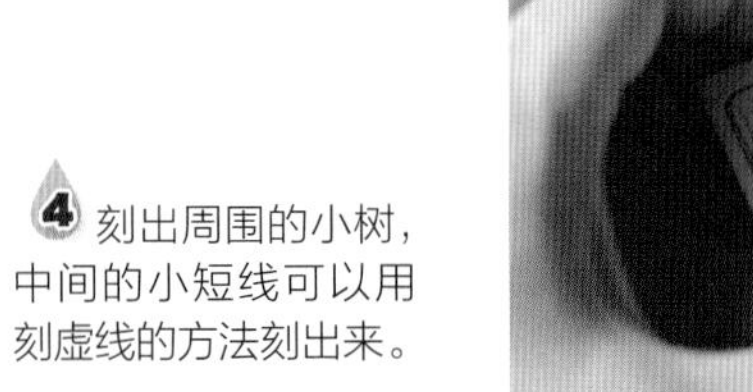

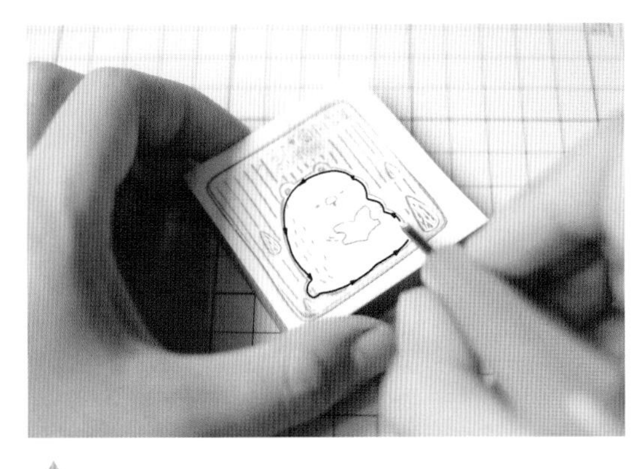

❺ 按照图中所示的方向刻出小熊的内轮廓。

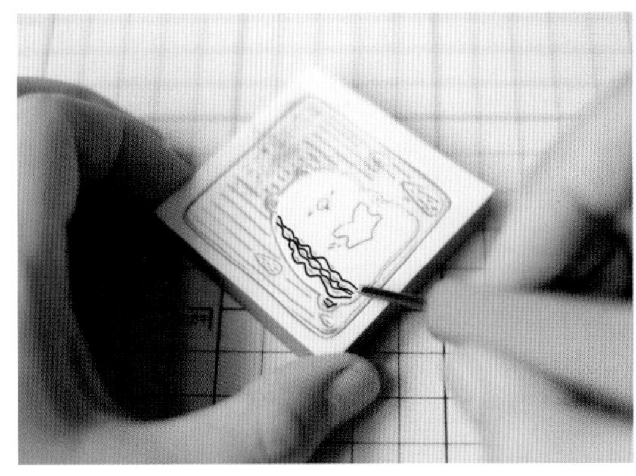

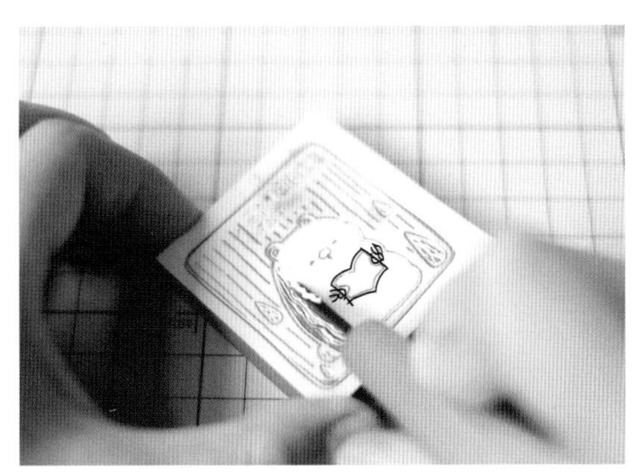

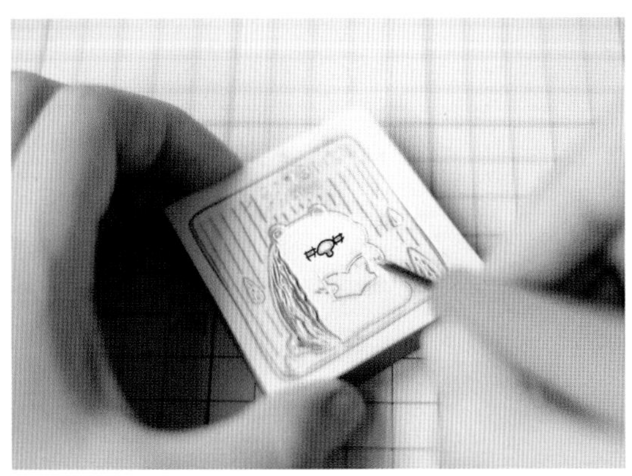

❻ 将小熊的绒毛、眼睛、手和书本的轮廓刻出来。

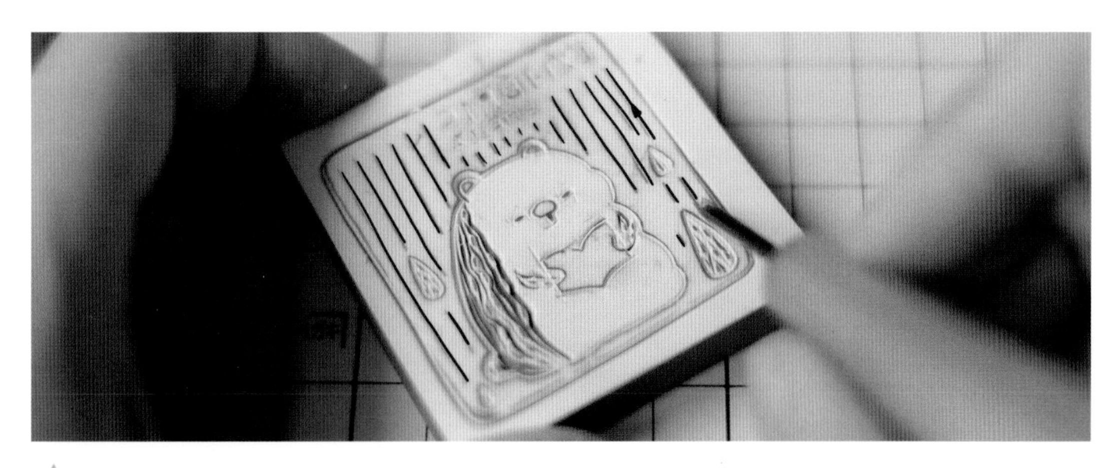

7 刻出背景的细小竖线，记得下刀浅一些。

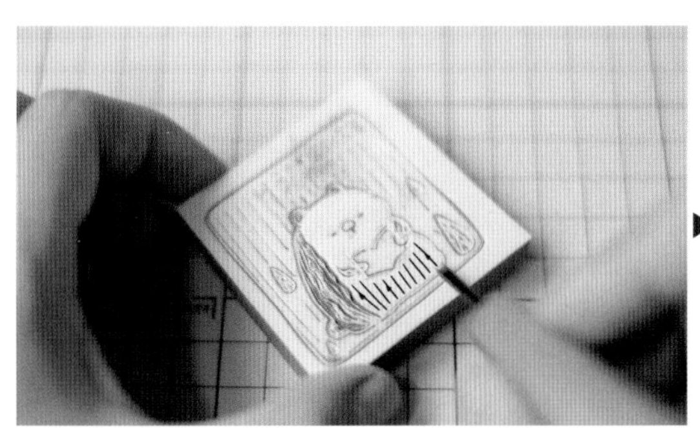

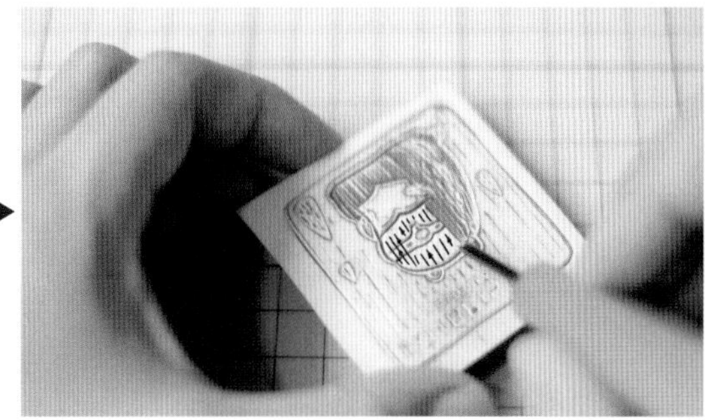

8 将熊身体上需要留白的地方挖空。

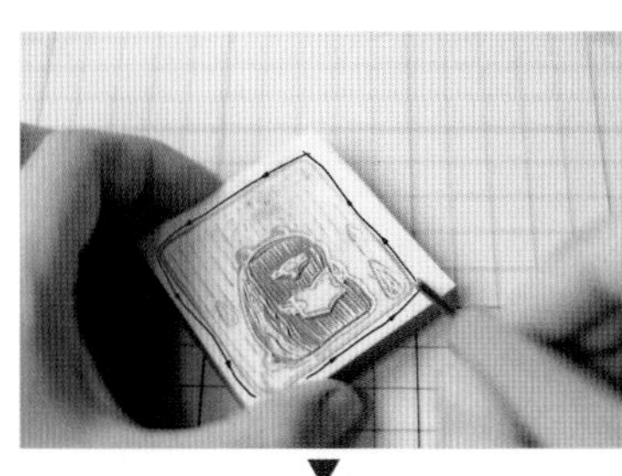

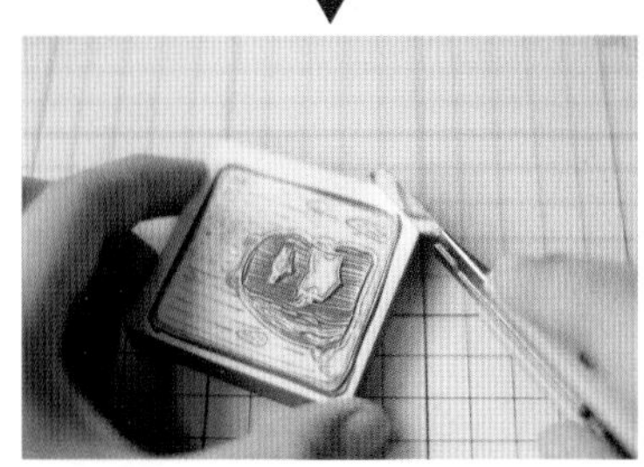

9 将外轮廓再刻一圈，随意一些，不用刻干净，再用美工刀将外围不需要的部分切除。

10 刻完一块，接下来刻另一块。

**11** 先将所有的外轮廓刻出来。

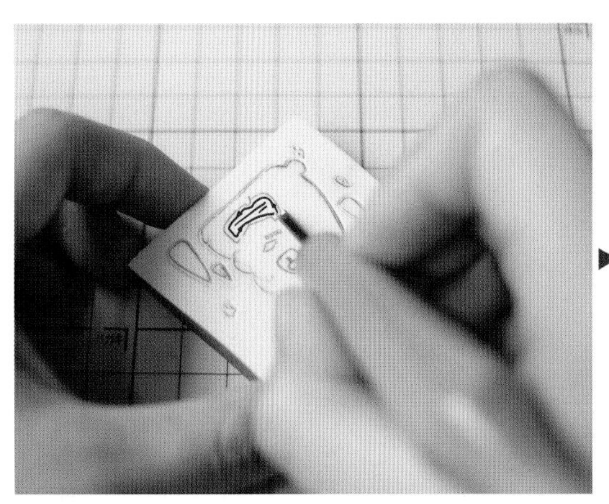
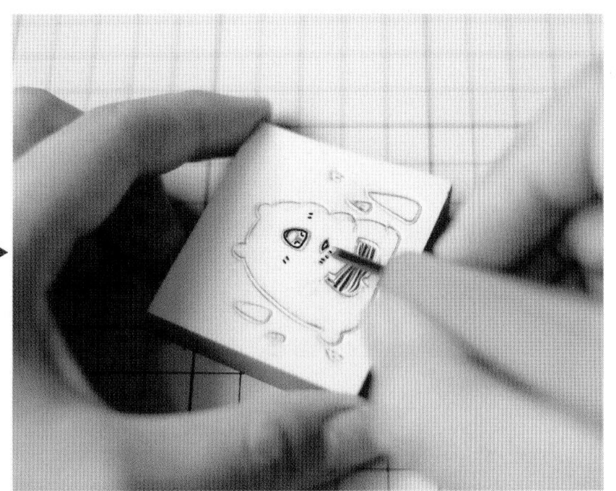

**12** 刻出小熊身体上的线条和留白部分。

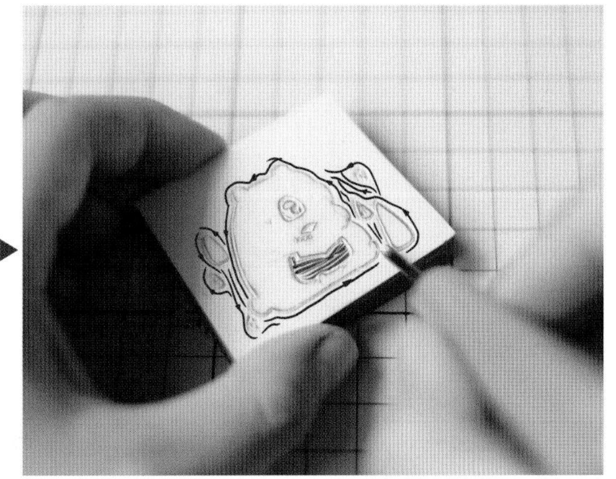

**13** 在周围刻一圈，再用美工刀将不需要的部分切除。

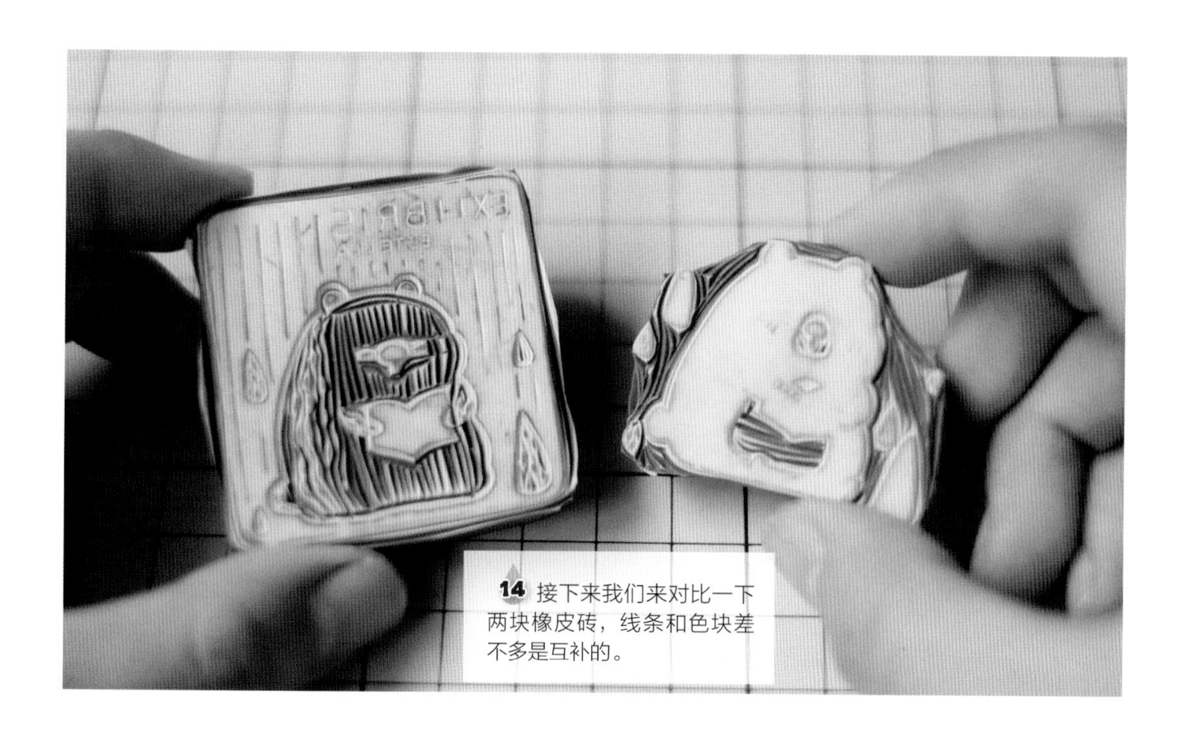

14 接下来我们来对比一下两块橡皮砖，线条和色块差不多是互补的。

15 用可塑橡皮清理橡皮章子表面的铅笔印，用浅色印泥试印一下，看看效果。

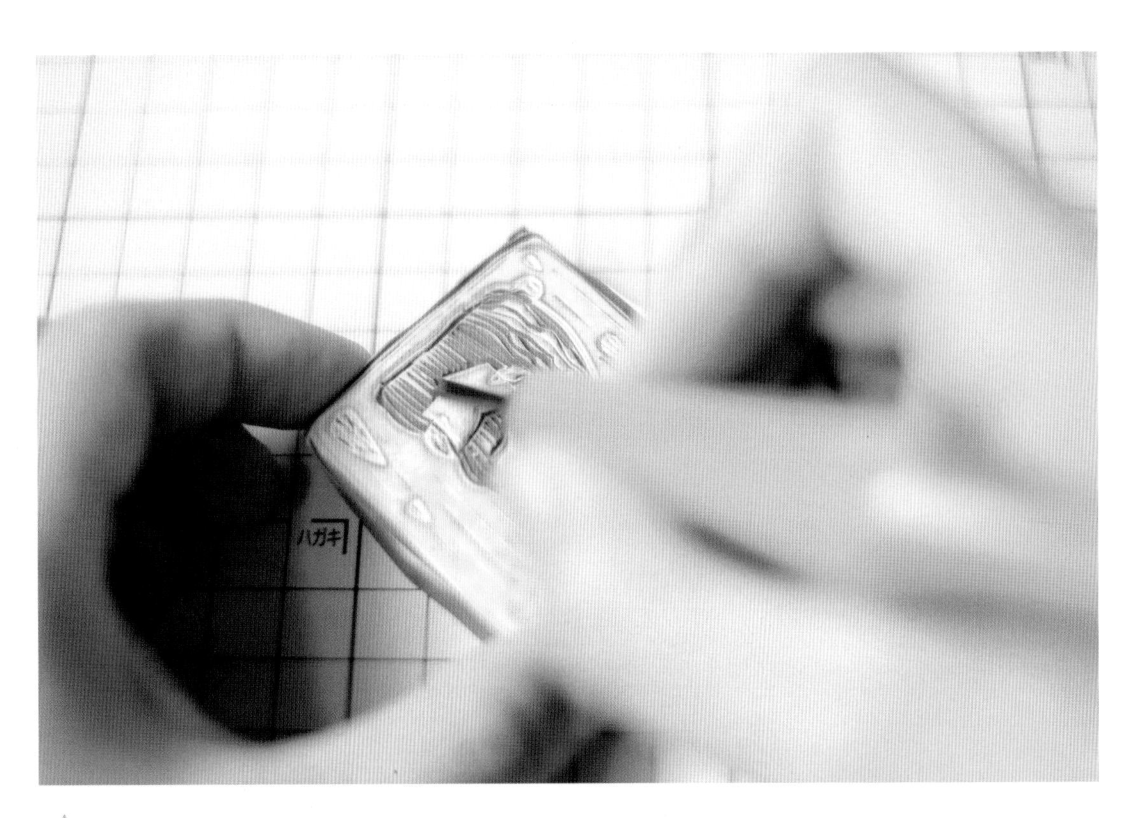


**16** 根据试印效果进行最后修改。

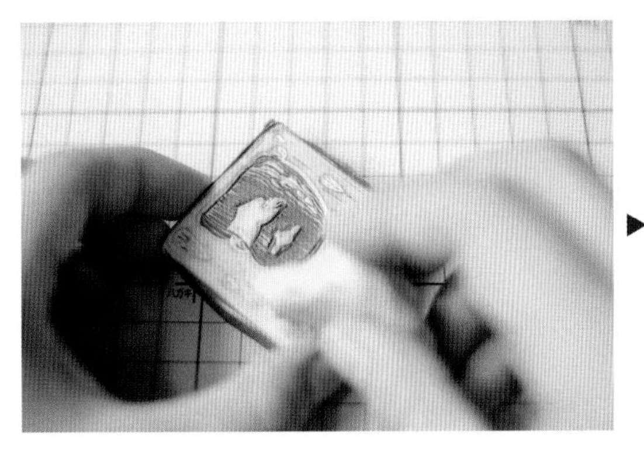

**17** 用可塑橡皮清理掉印泥痕迹后，再均匀拍上其他颜色的印泥，盖在纸上。

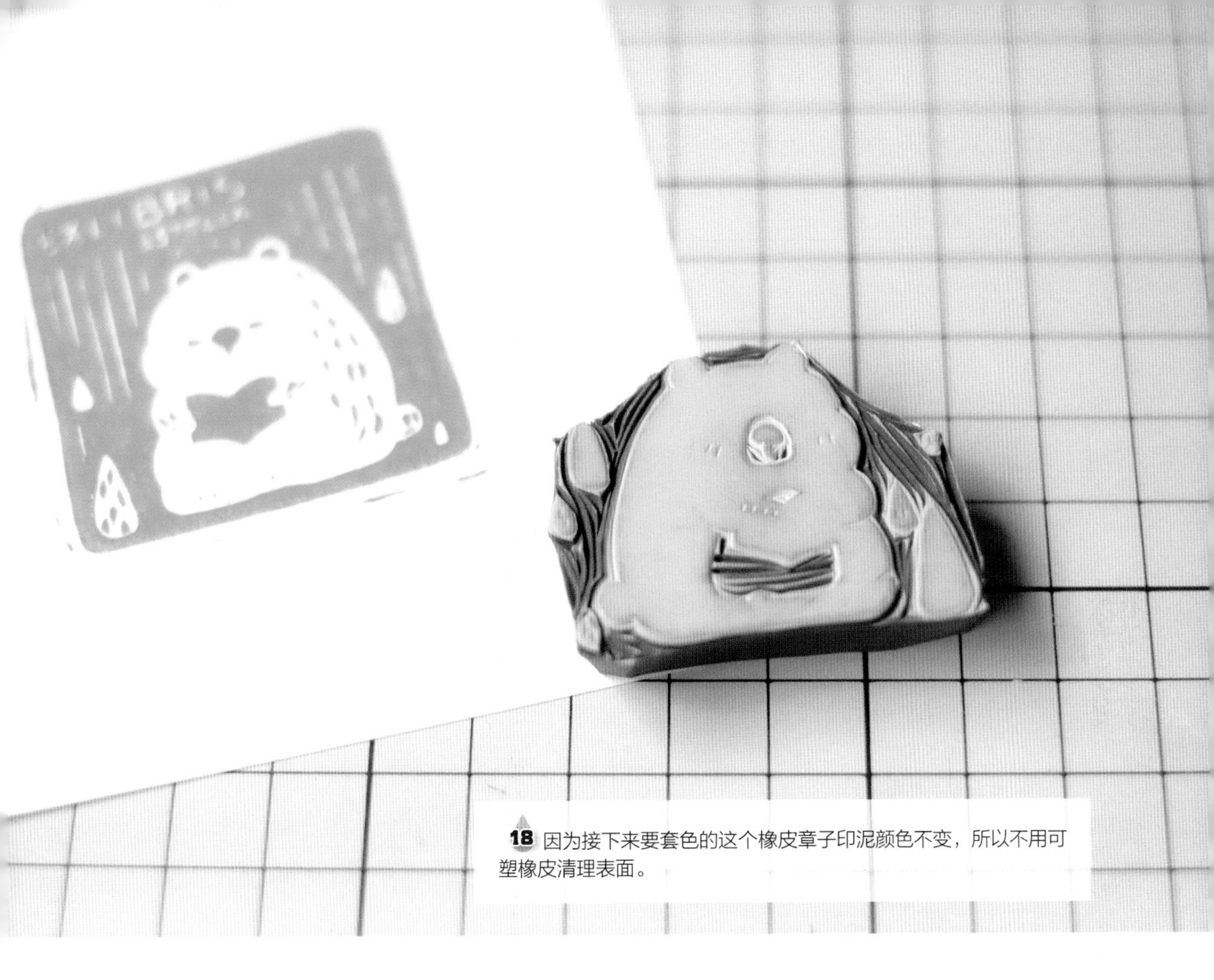

18 因为接下来要套色的这个橡皮章子印泥颜色不变，所以不用可塑橡皮清理表面。

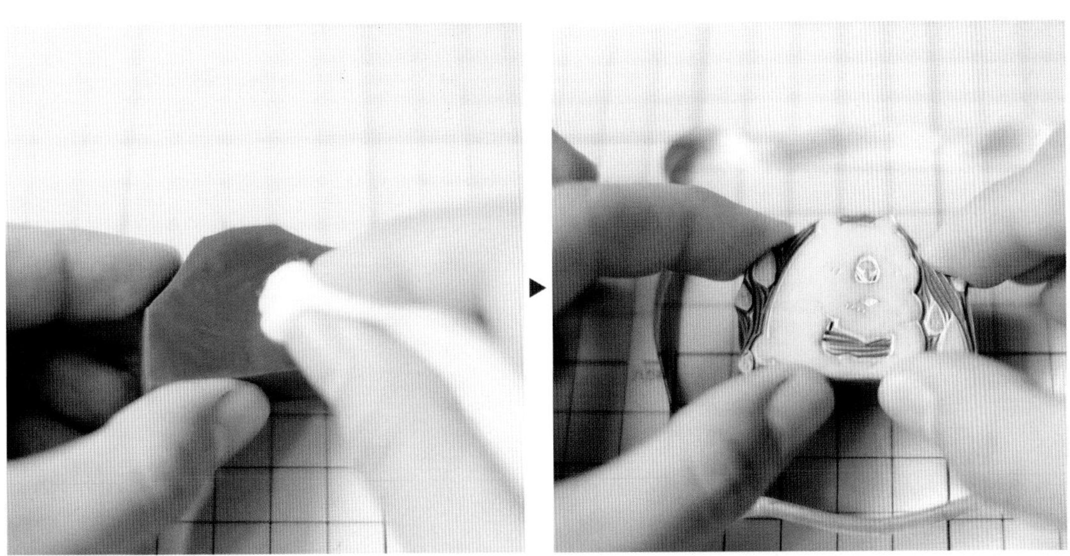

19 用湿纸巾在橡皮章子背面抹一点水，按压在透明亚克力板上。由于有压强，橡皮章子会吸附在亚克力板上。

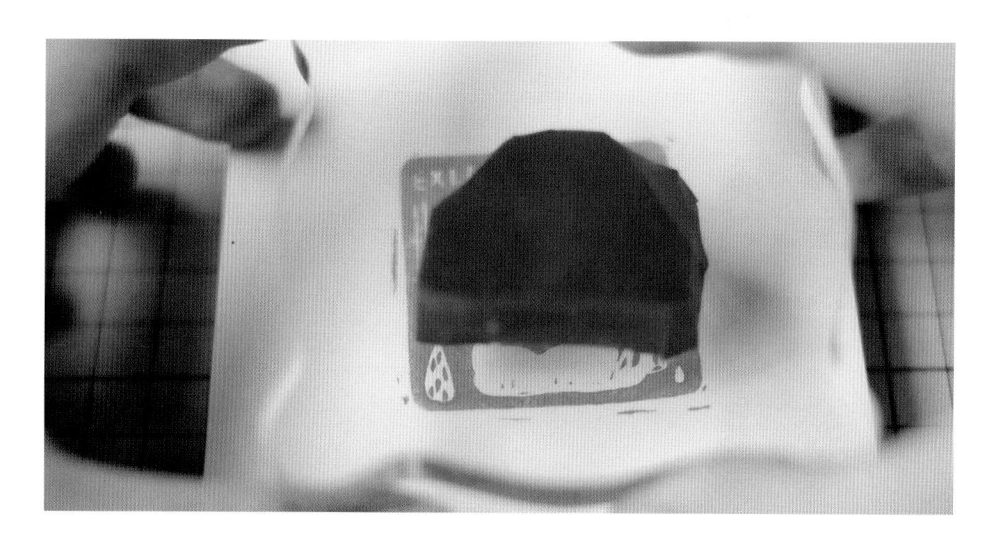

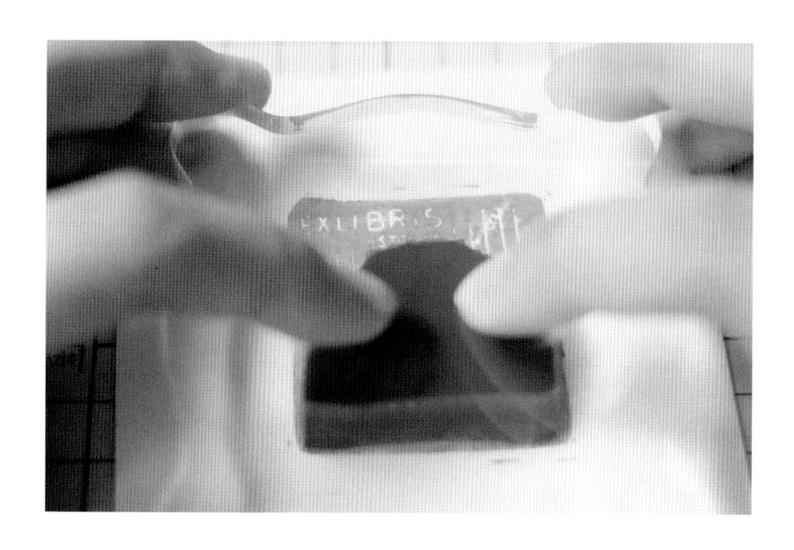


**20** 将印泥均匀拍在橡皮章子表面，然后拿着亚克力板，与之前盖印的图案对齐，将橡皮章子按下，这样基本上就能对齐两个图案了。

**21** 看，这样两个图案的套印就完成啦！

原图在本书 107 页

橡皮章子套色看起来是不是很神奇呢？不仅色彩更丰富，还会产生有趣的效果。

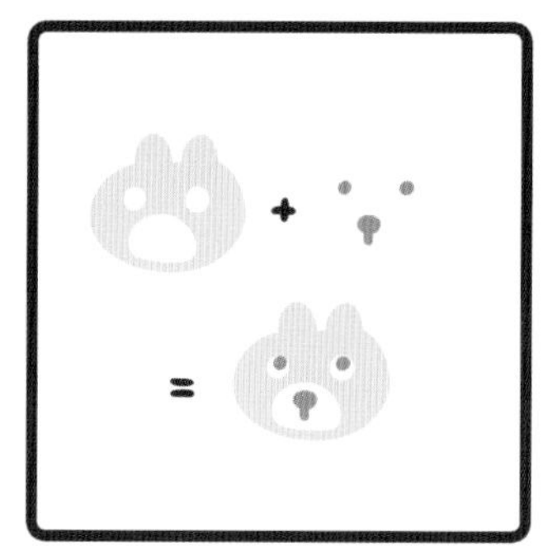


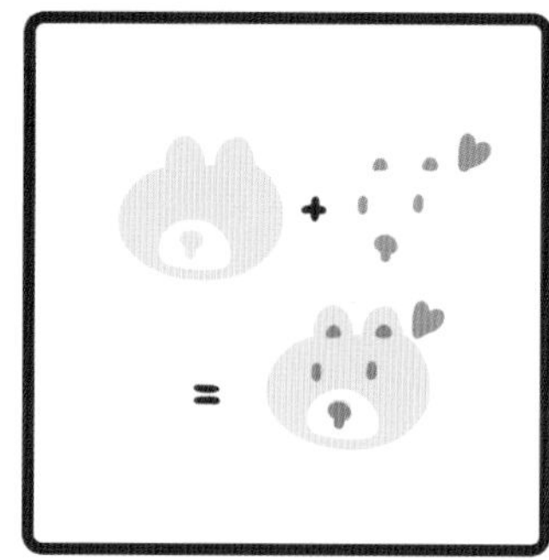


1 两块及两块以上橡皮章子分次盖印，通过不同颜色的叠加可以产生特别的效果。以两块不同颜色的橡皮章子套色为例，分为没有叠印的套色和有叠印的套色。两种颜色叠印，加上空白处，最多可以获得四种颜色。

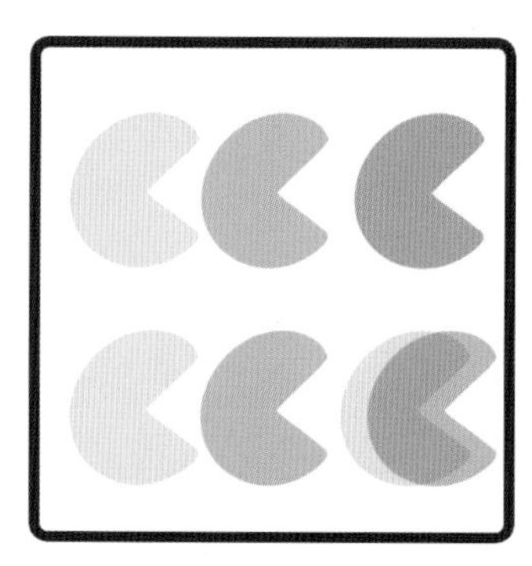

2 想要获得两种颜色叠印的效果，就不能使用颜色太深的印泥，避免一种颜色盖过另一种颜色。如果不需要叠印效果，就可以使用任意颜色的印泥。

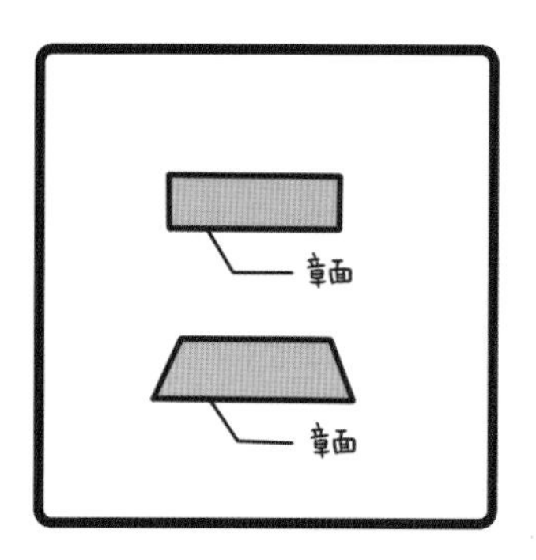

3 套色的橡皮章子，周围需要切干净，可以垂直于外轮廓，或者呈倒梯形切边，这样在对版的时候能更准确。

4 在形状特殊，找不到对齐方向的情况下，可以做一些小的定位点。如果手拿着不方便，也可以借助工具比如透明亚克力板对齐。一般来说，先印分布面积最大的那块，再印小的那块，这样方便对齐。

# 第四章 图案的处理和设计

# 怎样把一张照片处理成橡皮章子草图

有时候，我们想把一些手头现有的照片雕刻成橡皮章子，该怎么做呢？下面以两张照片为例，模拟出整个雕刻的过程，和大家分享一下“刻照片”的心得。

示例 A：
这是我去广东旅游时拍的照片，一株植物，该如何用角刀刻成橡皮章子呢？

1 将照片打印出来。

2 用硫酸纸覆盖在橡皮砖上，大致描出轮廓线。

3 将图案转印到橡皮砖表面。

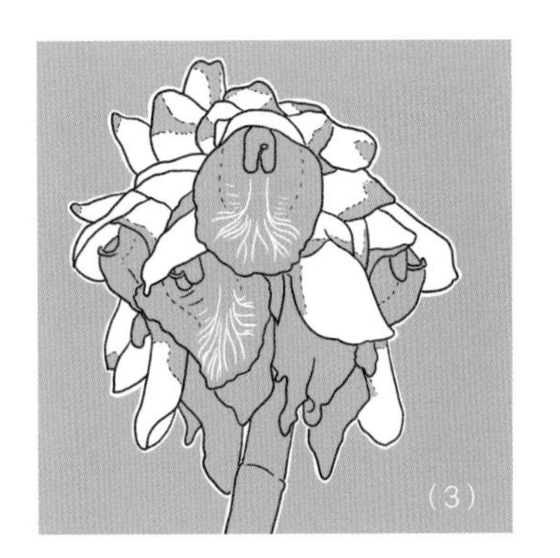


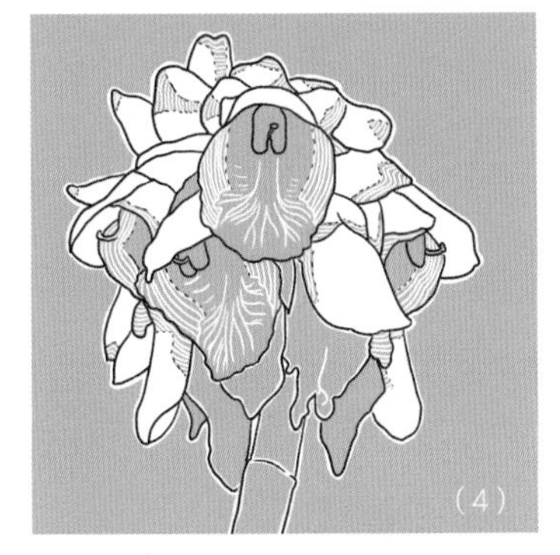

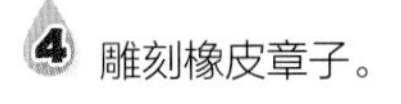
4 雕刻橡皮章子。

5 清除章面的铅笔印。

6 用黄色印泥盖印的效果。

示例 B：
这是我家的猫咪，动物的毛茸茸感如何表现，在前面的教程中已经有所解说，这里我们可以看一下照片中的阴影部分该如何处理。

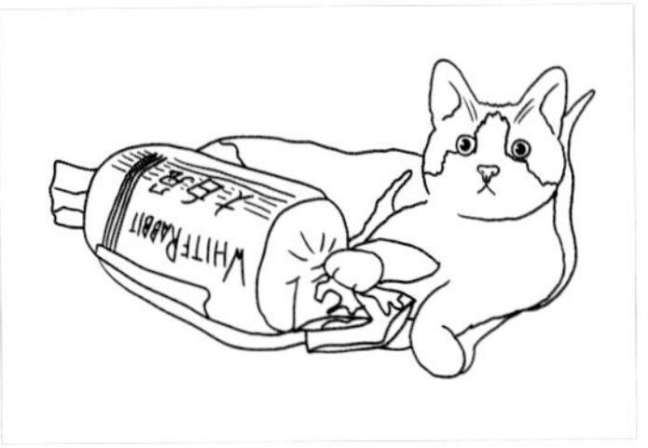

1 将照片打印出来。

2 用硫酸纸覆盖在橡皮砖上，大致描出轮廓线。

3 将图案转印到橡皮砖表面。

4 雕刻橡皮章子。

**5** 清除章面的铅笔印。

**6** 用黑色印泥盖印的效果。

看完这两个例子，你是否有所启发呢?

一般的照片都可以按照这样的步骤来雕刻成橡皮章子。由于角刀可以轻易排线、点阵，刻出整体规律但细节随机的作品，不用太在意你的描线是否精准，只要明确不同色块的界线，用点、线、面的疏密关系来表现，就能刻出有版画效果的橡皮章子啦。

**是不是所有照片都适合作为橡皮章子图案呢？让我们来看看以下几个例子。**

对于边缘模糊、局部清晰的照片，需要“脑补”周围模糊的轮廓。

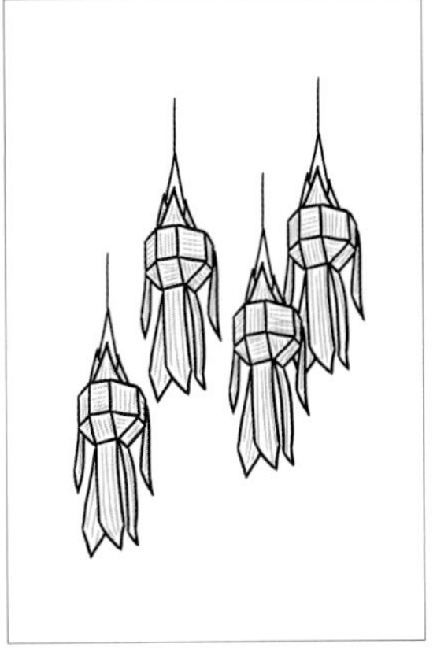

对于画面杂乱、有叠堆内容的照片，可以描出个体来雕刻。

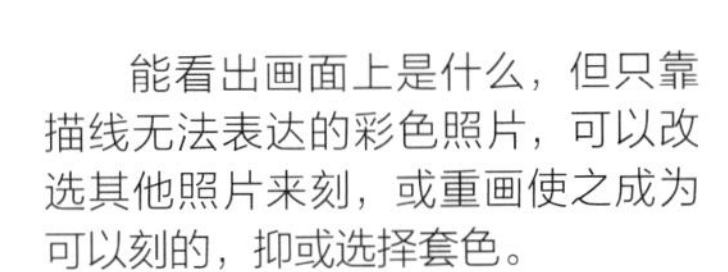

能看出画面上是什么，但只靠描线无法表达的彩色照片，可以改选其他照片来刻，或重画使之成为可以刻的，抑或选择套色。

总之，如果没有绘画基础，在拿照片作为原图进行雕刻时，尽量选择一些轮廓清晰、可以直接描图的照片。当然也可以尝试那些你不熟悉的领域，说不定刻着刻着你就会画画了呢。

# 原创，没有你想象的那么难

还记得我第一次接触橡皮章子，是在2009年，那时候翻找布艺教程时无意翻到一本关于雕刻橡皮章子的书，就抱着好奇心试了试。那时我还在大学的文学院就读本科，除了儿时上过美术课，没有其他美术基础，也没有受过任何专业训练。

橡皮章子其实是非常友好的手工，门槛非常低，哪怕是不会画画的人，只要能描图，就能雕刻橡皮章子，成就感来得很快，而我对橡皮章子的感情也随着时间的推移越来越深。

逐渐，我不满足于只雕刻现有的图案，总是刻别人的图好无趣。“要不，自己画来试试？”脑海中突然闪现的念头，让我试着自己画一些小东西。

从画身边的小事物，记录日常生活，到后来创作原创形象，购买数位板，一切缓慢向前推进着。从一开始，我就是把画画这件事当做兴趣，从没想过我要画得多好，也没想过我的画要被多少人喜欢和认可，没想到画画这件事让我沉迷。只要有空，我就画，一直在画，自学数位板，自学制作动图，自学各种软件。毕业后两年，我辞去了外贸公司市场部的工作，正式加入 SOHO（在家工作的人）一族，成为一名自由插画师。

说起来，橡皮章子是我进入画画世界的敲门砖，因为想刻一些别人没有的图案，我才萌生自己画画的念头呢。

第一次刻了一堆图案（2009 年）

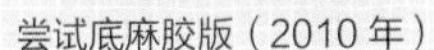
尝试底麻胶版（2010 年）

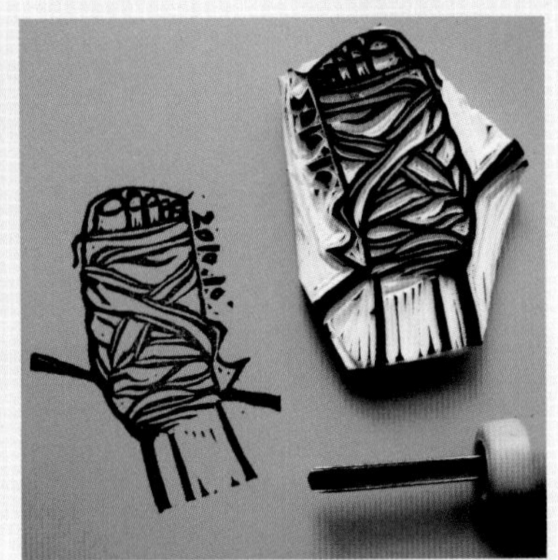
第一次用角刀雕刻橡皮章子作品（2010 年）

我接到了很多咨询的私信，问题基本围绕“某某数位板好不好用”“某某刀好不好用”“如何自学”等。颇有感慨，我的第一次长微博就献给问这些问题的妹子和汉子，没有特意针对谁，因为相信太多人有这样的疑问了。

小马过河的故事大家小时候都听过，但很少有人会联想到现在。对于需要使用技能的工具，“好不好用”是相对的，会做饭的人用煤球炉都能烧好菜，不会做饭的人即使用世界顶级刀具，连萝卜片都切不利索；会画画的人用一支笔就能描绘大千世界，不会的人用 WACOM（和冠绘图板）都画不好画；会刻橡皮章子的人用最便宜的刀都鬼斧神工，不会刻橡皮章子的人用再好的工具，也还是会连弧线都刻得毛毛躁躁。

世界上顶级天才只有几个，剩下的都是“无他，唯手熟尔”。“我觉得我的工具不好，所以我刻起来毛毛糙糙”“我是不是买了数位板就会画画了”“啊，我以为你们画画的都会 PS 和 AI”云云，真是让人哭笑不得。前段时间我参加了一个线下的橡皮章子教学活动，班上的学员零基础，一节课下来都学会了，课堂上离我最近的两位学员听得最认真学得最快，不仅完成了我要求的基础任务，还主动选了复杂的图案来刻。不用说，她们的进步是最快的。我刻了五年橡皮章子，估计刻了上千个，对于“如何刻得流畅”，我得出的结论是熟能生巧。画画也是，不拿起笔来练习怎么会进步？

高手每次发的图都让你羡慕不已，对高手说“跪求教我如何把线条刻直”“啊，这个刀肯定很好用吧”时，你有没有想过他们刻章的频率比你高多少？当你还在纠结买哪块橡皮砖让你的线条更流畅的时候，高手已经把每一种橡皮砖都刻了，然后说“我觉得还是某某牌的好”，你兴冲冲地去买了同款橡皮砖，却叹气说“为什么我还是刻得这么‘渣’”。

尝试简单藏书章（2011年）

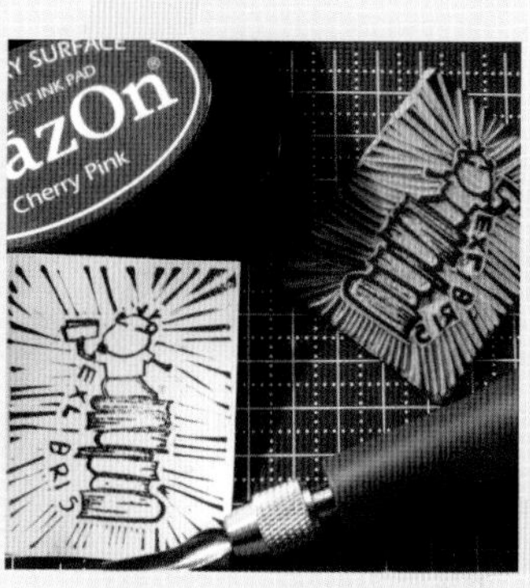

麻胶版藏书章（2011年）

尝试毛茸茸感（2012年）

仿版画效果细节（2013年）

尝试毛发质感（2014年）

尝试羽毛质感（2014年）

毛茸茸感（2015年）

其实刻章也好，画画也好，只要勇敢迈出第一步，我们就会发现真的没有那么难。

下面，给大家布置几道小题目，算是本书的课后作业吧。做完这些作业，说不定就能改变你“我不会画画，原创橡皮章子好难”的想法！

## 作业 1

去家附近走走，捡回来一些你喜欢的树叶，照着树叶画出图案，刻橡皮章子。

## 作业 2

你的刻刀是啥样子的？画一画你最常用的刻刀，然后把它刻成橡皮章子。

## 作业 3

你家有宠物吗？或者，你有喜欢的小动物吗？简单地画出小动物的外轮廓，用角刀刻出它们的毛发，刻成橡皮章子。

## 作业 4

你有喜欢喝的饮料吗？画出饮料罐子，试试刻成橡皮章子。

## 作业 5

画一画你出门带的包包吧。

## 作业 6

手写数字 1、2、3、4、5、6、7、8、9、0，刻一套只属于你的数字橡皮章子吧。

## 作业 7

什么口味的汉堡你最喜欢吃？试着画出来再刻成橡皮章子。

## 作业 8

试试画出你好朋友的样子，刻成橡皮章子送给他（或她）。

## 作业 9

随意画张小头像，加上你的签名，刻成橡皮章子就可以使用了！

## 作业 10

设计一枚属于你自己的藏书章吧！

第五章

# 原创图集

EX-LIBRIS
DO NOT TOUCH IT
ESTELLA'WORK
Estella

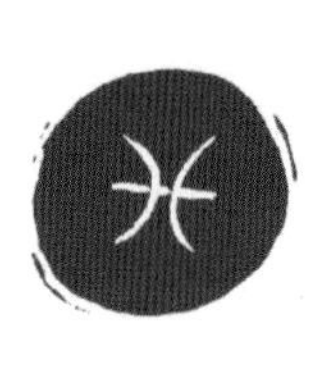
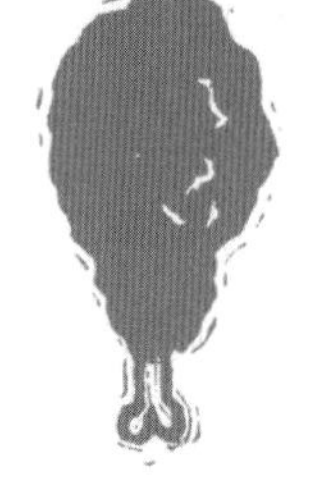

MILK

FRESH

PO

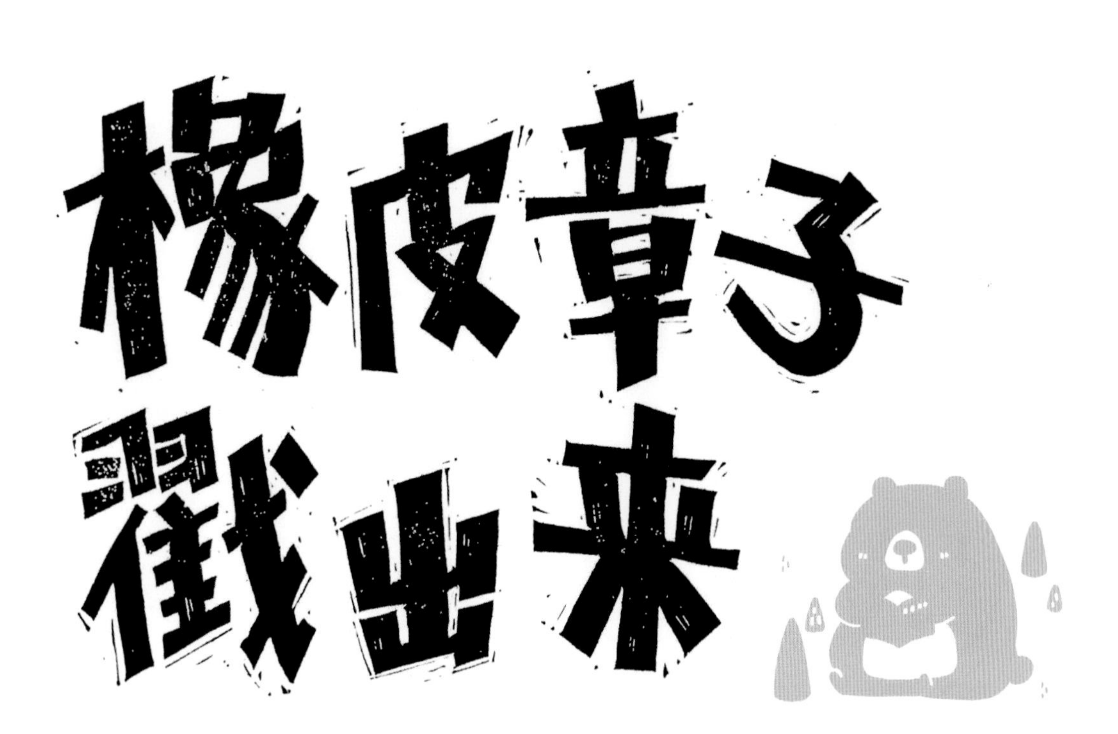
橡皮章子
戳出來

EXLIBRIS
ESTELLA

EXLIBRIS
ESTELLA

EXLIBRIS
ESTELLA

EXLIBRIS
ESTELLA

EXLIBRIS
ESTELLA

EXLIBRIS
ESTELLA

Hi

LOVE

乌梅

乌梅
うめ

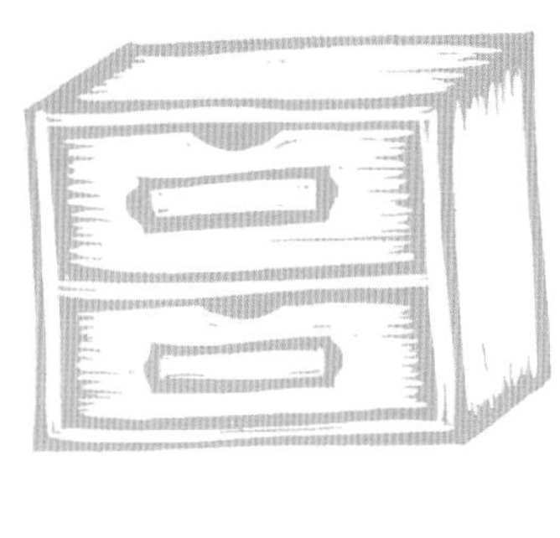

JUST
FOR
FUN
ESTELLA

Z

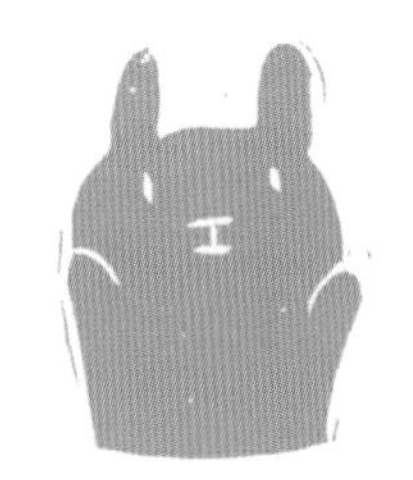

# 后记
postscript

其实写一本橡皮章子教程是我早在 2012 年就萌生的想法。之所以拖到现在，是因为：第一，懒，没人催就一直拖着；第二，自己的确挺忙，没有大把空余时间；第三，教程马虎不得，之前只做过一些单篇的图文或者视频教程，而书籍必须是成体系的。于是这个早就有的想法一直到 2016 年才启动。

对于工作，我是有些执念的，有轻度的强迫症。拍摄雕刻步骤的照片，必须等到天气晴朗光线好，不能太暗也不能阳光过强刻章的每一步是不可逆的而且为了拍出第一视角的照片我要站在三脚架后面。每一次拍摄都是先对焦，再设定相机 10 秒倒计时，在短时间里，我要把手伸到镜头前，一手拿着橡皮砖，一手握好刀，将它们摆在正确的位置。刻一下，拍一下，如果中间不小心出了问题，我会再拿一块橡皮砖重新雕刻重新拍摄。这样才有了大家在书中看到的照片。

专门教用角刀雕刻橡皮章子的书籍在国内还没有，作为第一个吃螃蟹的人，我心里十分忐忑，写完一部分就回头看看，思考“如果我是一个初学者，我能不能看懂呢”这样的问题。而有些照片和言语无法准确表达的细节，我选择用绘画的方式展现给各位。原本想画得轻松些，但一来想严谨些，二来想看看自己能不能换一种不那么 Q 版的画风，所以画着画着就变得像产品说明书了。

总体来说，这本教程我自己还算是比较满意的。我很喜欢朋友的一句评论：“你这样小心翼翼写一本教程，市面上那种随意的教程都能写十本了。”话是夸张了，但书里的确有我很多很多的心思，如果能得到正在看这本教程的你的一点认可，我就觉得一切非常值得。

ES 女王祥
2016 年 12 月于杭州